青春小小说平台
QINGCHUNXIAOXIAOSHUOPINGTAI

把日子

丛书主编 青 苑　　执行主编 景 染

摆上地摊

宁夏人民出版社

目 录

心像灯一样亮着

皮 二	3
鱼 儿	7
刘一刀	12
贞节坊	16
笑队队员胡天	21
痴圣	25
劳模老莫	29
橱窗里的模特儿	33
探 亲	37
将 军	43
兵 味	47

高举一根自己的骨头

| 高等教育 | 53 |

泥兴荷花壶	57
未晋级人	63
一碗面	67
惟一的听众	71
老 乐	75
精 神	79
追 债	82
黑 土	86
霜 降	90
始 末	94

凭着一扇门来转述抒情

城里人	101
老刘误机	105
今天去离婚	109
门	114
熟 亲	118

衣袂飘飘,秀发纷飞

苦水玫瑰 …………… 125
相逢是首歌 ………… 129
女　人 ……………… 134
妈　嫂 ……………… 138
母亲改嫁之后 ……… 142
花　婆 ……………… 146
如果你是牵牛花 …… 151
妻子的心 …………… 155
天　使 ……………… 160
眼　光 ……………… 164
母亲的情怀 ………… 170

摇曳在生命中的一根稻草

寒　冬 ……………… 177
生　命 ……………… 183

卖　马 ……………… 189
立　场 ……………… 194
黑蝴蝶 ……………… 197
饭　局 ……………… 201
破　境 ……………… 204
她丈夫最有能耐 …… 207
教授之恋 …………… 211

这世界需要有一盏灯笼

张三得了艾滋病 …… 219
魔　袋 ……………… 224
局长还钱 …………… 228
无法解释 …………… 233
百分之百 …………… 238
门前有个坑 ………… 243
赵老师 ……………… 248
香菱跑官 …………… 252

心像灯一样亮着

出的是门,想走进的也是门。

心像灯一样亮着。面对烛光和流水,你同大风一起流浪,你汪在眼底的那滴泪,究竟要交给谁?

在膨胀和拥挤的物欲里,你怎样才能守护住那颗小小洁白的心?

与"大款"相交则锱铢必较;与"小官"相交则自爱自尊;与百姓相交则有利他人。皮二,一卖菜老农,一古板又正直的劳动者,亦可称大丈夫!

皮 二

张桂生

皮二种了一辈子菜。一年四季,每天东方刚现鱼肚白,他就挑一担菜到江对面的沿江镇卖。

冬至这天,皮二在菜场卖菠菜。一个嘴巴涂得血红的贵妇人称了一把菠菜。"三斤一两,每斤四角,一共一元二角四分。"她口中念念有词,用指甲变了颜色的纤细的手指拈着几张毛票,远远地递给皮二,"这是一块二角,没有了零钱,少给四分,如何?"

"我会找。"皮二说。

贵妇人血红的樱桃嘴一撇,从小巧的进口真皮皮夹里抽出一张50元的票子:"你找?"

皮二接过钞票,塞进荷包,又掏出一把小票,开始找钱。

"我不买了。"贵妇人不屑地说。

"你把菜放下。"皮二眼皮没抬,把50元的大票子还给她。

"吝啬鬼。"贵妇人丢下这句话,风吹杨柳般扭着屁股走了。

卖菜同行和行人目睹了这个场面,悄悄议论:"皮二这老者犟,真小气。"

菜很快卖完了,皮二挑着空菜篓回家。不凑巧,渡船上仅有一对回乡下给祖宗填坟的中年夫妇。这艘做渡船的铁驳船是沿江镇的公物,可渡80人过江,由私人承包。如今柴油贵,人少了过江承包船主划不来。没办法,只有等。

过江的人们陆陆续续上了船。

一辆崭新的北京吉普开到了江边。三个撑船人和小车司机紧密配合,加上过渡的四五个小伙子在后面使劲推,北京吉普才好不容易开上了铁驳船。

两个下属陪着一个领导模样的人上了船。

一直蹲在铁栏杆边打盹的皮二睁开了眼睛。

"二叔。"领导模样的人蓦然看见皮二,亲热地呼唤,走到老者身边,送去一支"红塔山"。

心像灯一样亮着 XINXIANGDENGYIYANGLIANGZHE

皮 二

有认识的人小声说："这是沿江镇的皮镇长，是皮二入土为安的大哥皮大的独子。今天是冬至，皮镇长一定是回老家填坟。"

人们羡慕地望着皮二。

船开了，撑船人开始收过渡费。每人4角，一人一单车6角。

"小车8块。"吉普车旁边，年轻的船主小李对小车司机说。

"这是镇里的小车，送镇长回家填坟。"司机用牙齿咬着一支"阿诗玛"，"你要收钱？"

正与皮二拉家常的皮镇长听见说话声，掉头向船主小李笑笑。

小李好尴尬，离开小车司机。

半眯着眼睛,有滋有味品尝"红塔山"的皮二径自走到小李身边,递给他一个拾元票子:"小车8块,我4角,找我一块六角。"

小李一愣:"皮二叔,这?"

皮镇长白皙的脸孔涨成猪肝色,走近皮二:"二叔,这?"

"你是我的侄儿?"皮二问。

皮镇长点头。

"这就对了。你是皮家的儿孙嘛。你手头不方便,二叔替你付也一样嘛。"皮二将钞票塞给小李,"找钱。"

渡船上几十双眼光一齐射向皮二。

你 的 召 唤

你用昏黄的油灯熏我混沌的瞳仁,
你用困苦的荆棘抽打我泪痕婆娑的依恋,
你以黄梅雨季的阴霾冷却我溢血的心,
你以绝对的沉默关闭了所有的柴门……
从此,我仰视你的高度。
从此,我开始真正读懂自己。

心像灯一样亮着 XINXIANGDENGYIYANGLIANGZHE 鱼儿

伤口不一定都丑陋,也有伤口是值得欣赏的。于痛苦中锻铸伟大的心魄,于痛苦中支撑起爱的天空,让伤口绽放成一朵夺目的玫瑰,让生命去泅渡一生的河流……

鱼 儿

陆颖墨

鱼儿还是胚胎的时候,娘做梦见着一条大鱼。第二天部队就来了人,说是一艘潜艇在海下让什么卡住,鱼儿爹就潜了下去。后来潜艇上来了,鱼儿爹再也没有上来,娘听罢吐血后没几天,鱼儿就提前一个月来到人世。

娘非要起了这个名。

那时他的亲爹本在休假,该下海的是战友小杨子,那几天他刚让女友蹬了,领导上放心不下,鱼儿爹替他穿上了潜

水服。半年后，小杨就成了鱼儿的后爸。

鱼儿的弱智是在他学语时发现的。娘让他喊小杨爸爸，他就喊，可看见其他穿海军服的也叫爸爸。娘和小杨的心里都不是滋味，耐心地教他该叫别人叔叔，可他看见小杨也叫叔叔。娘眼泪汪汪地同小杨商量，小杨说："就这样叫吧。"从此，家里只有"叔叔"的叫声。

两年后待鱼儿的弟弟出世，就出现了麻烦，随着弟弟学会叫人，他脑中早已无影的"爸爸"二字，再一次出现。他又见人乱叫了。一回，娘和小杨刚出门，见一帮孩子在草坪上围着逗他：鱼儿，叫我爸爸。娘气得发抖，冲过去举着胳膊犹豫半天，终于打了鱼儿一个响亮的耳光，拎着他耳朵拖到家。小杨夺过鱼儿抚着他脸，第一次冲她发了火："你打他他懂什么？要打打我！"鱼儿娘一愣，顺手扇了小杨一嘴巴。小杨倒让她打蒙了，也愣了愣，说："你要是好受些你就再打吧，要不是我他爸也不会死，他也不会这样……"娘忽然像从大梦中醒来，扑到对方怀里，捉着小杨的手搥自己，尔后，夫妻俩抱着鱼儿默默流泪。

自此，不许弟弟当鱼儿面叫爸爸，偶有不慎弟弟漏出一两声，鱼儿竟不再学舌，反而害怕地颤着身子。

念了四年一年级后，就不再学舌。先由弟弟领着玩，后来也能单独行动，虽说时有淘气的孩子欺负，但"爸爸"二字再也没有叫过。如此下来十多年，鱼儿也有了一个高大的个子。

心像灯一样亮着 XINXIANGDENGYIYANGLIANGZHE

鱼　儿

这天，和往日一样，鱼儿穿一套后爸的旧冬装在基地院里背着手闲逛。不同的是，后爸老杨到南方执行任务，棉帽没带走，他戴上了，上边还有一颗帽徽，走着走着和基地司令正好对面。将军看见一士兵没有领花肩章还背着手，居然还对自己熟视无睹，很有些恼火，喝令："你站住。"

鱼儿吓一跳，继而看见一张不大友好的面孔，马上撒腿就跑。将军带兵几十年，哪见过这么刺毛又胆大的兵，偏要较这个真，放弃了练就多年的首长步伐，拿出早晨练长跑的劲头，追了上去。这一跑一追，马上引得路上不少人驻足。不远处巡逻的几个卫兵闻风包抄过来，把鱼儿截住。

将军喘着气大怒："哪个单位的？！姓名？！"

鱼儿惊悸未定，呆呆地看着将军，见这么多人围着他，竟觉得有些好玩，傻笑起来。

将军越加气愤，要把鱼儿带走。这时，围观的人多了，自然有人认识鱼儿，忙说："这是个呆子。"

将军一怔，看鱼儿的目光，果然有些独特，也就有些尴尬，命令卫兵："去把他家大人找来，怎让他穿着军服出来瞎逛，太不像话了。"

鱼儿娘正好出来寻他，让哨兵领了过来。

将军见是个女的，又不是军人，忍了忍没有发作，但声音依旧严厉："他爸爸呢？！"

娘说："他爸爸早就沉在海底了。"

将军一愣，问："什么时候？"

娘指指鱼儿,"这孩子还没生……"

将军不再说话,似在想什么。

鱼儿看看母亲,再看看将军,冷不丁冲他叫了一声:"爸爸——"也许是多少年不叫,幼儿学语那样音不太准。

娘又气又恼,一把拉过鱼儿。

有个积极的卫兵吼道:"瞎叫什么!"鱼儿赶紧躲到娘的身后。

将军喝住了卫兵,而后慢慢地走向娘儿俩,伸过手来,在鱼儿头上轻轻抚摸着,抚摸着。

娘说:"首长,实在对不起,他不懂事。"

将军轻叹一声,声音有些沙哑。他咽了几口唾沫,红着眼圈对鱼儿娘说:"我就是那个潜艇的艇长。"又抬起头,像是

对自己又像是对众人说:"有时候,军人献出的,不仅仅是自己的生命……"

他没有期待别人说什么,对鱼儿说:"孩子,我送你回家。"

娘没有做声,慢慢地跟在他俩的后边,有一点儿她弄不明白:那潜艇艇长她认识,在后来一次海战中已经牺牲了。

莫非还活着?

爱 不 说 痛

看呵 这一朵朵绽放的伤口
起伏于生命的激流之中
那飞溅的浪花之上
依旧隐约着谁孱弱的身影
而刚毅的目光始终包藏着动词的力量
心海铭盟 爱不说痛
泪滴花开 快去吧
让心情做一次彻底的美容……

青春小小说平台  把日子摆上地摊

靠着一手绝活儿,闻名于四里八乡,跻身于官场之上。风光气派之余,多多少少有一种失落的疼痛,那股难以言说的滋味,始终扰动着他的思想,是退而求其技?还是进而保其优?这郁闷苦衷又有几人能知呢?

刘 一 刀

梁海潮

刘一刀虽为小城医生,但名声已远远超出小城范围。接骨、手术,成功率99.5%,那0.5%,据说是骨折患者康复期猴急着要与婆娘同床,不慎掉下来,使正愈合的伤口出了故障,自以为没事,却落个拐把儿,这能怨人家刘一刀?

邻县企业家的儿子张三骑摩托车摔折了胳膊,本没多大问题,却仗着手里有钱,全国各地找大医院、名医师治疗,

心像灯一样亮着 XINXIANGDENGYIYANGLIANGZHE

刘 一 刀

　　结果小病治大，易病治难，耽搁得骨茬儿对接不严，伸伸蜷蜷咯嘣咯嘣响，张三难受得要拿刀子将其废了，便有人介绍刘一刀。张三一听是个小城医生，很是不屑，大家都劝他试试，死马当活马医，真不成再当"一把手"不迟。

　　刘一刀拽住张三的手，上捏捏下掐掐，一脸不在乎地对张三说：这点儿小毛病咋能让你当"独臂英雄"？根本没啥问题嘛。张三哼一声，心里说：你刘一刀年纪不大，口气倒不小，吹你妈大蛋哩。正这样想着，刘一刀冷不丁将张三胳膊猛地往上一提，又"叭"地一提，张三娘呀一声惨叫。得！骨头合严复位。

　　有位煤矿工人大腿被砸脱了臼，几经治疗还不能走路，那工人看着凸出大高的骨橛儿，以为折断了，要成废人，遂找到刘一刀，哭哭啼啼请其帮忙。刘一刀接过片子看了看，说："你这腿怕是没治了。"不接收，让他走，刘一刀说得很绝情。那工人及家属像腊月天头上泼下一盆冷水，心想刘一刀都说没治了，回家吧。那工人刚被家人搀转身，刘一刀使劲朝其后胯上踹了一脚，把一伙人吓一大跳。刘一刀厉声说，不要搀他，让他自己走。那工人趔趄几步，果然能着地行走了。

　　刘一刀名声越来越大，恰好医院提拔干部，刘一刀就被提上来，当了副院长，后又提为正院长。

　　当上院长后的刘一刀，从一个环境到另一个环境，不啻于换了一个新天地，天天这会那会不断，原来想也不敢想的

13

小轿车竟成了自己的坐骑,原本扁平的肚子也渐渐隆起来。

开初的日子,刘一刀于酒精消退之后,常感到空虚和失落,回顾几十年潜心钻研医道的日日夜夜,如今却被冗繁的公务取而代之,实在于心不忍难割难舍,稍有空闲便到手术室走走,有时正准备执刀或正在执刀,呼机就响了,省里市里下来检查。刘一刀疲于应酬,渐觉力不从心,有时真想把职辞了。但官场有官场的优势,提级、分房、子女安排等等,尤其世俗对官场的实惠压倒对知识和技术的空泛敬重。鱼与熊掌,患得患失,刘一刀在选择后者的同时心在滴血。就这样,刘一刀进手术室的机会越来越少,很多手术都靠徒弟小马去做了。强将手下无弱兵,小马医术日渐高明,几乎不亚于师傅刘一刀,且有青出于蓝胜于蓝的势头。

这天,刘一刀母亲在老家掉崖,腰部损伤,神经线摔断。刘一刀是老母亲的独生儿子,平时难得尽孝,便亲自为母亲做手术,然而神经线没有接好,竟使母亲落个下肢瘫痪,大小便失禁。刘一刀平生第一次手术失误,恨得自己擂自己拳头。

为不失面子,刘一刀让家人严密封锁消息。

事隔不久,县里一位要人出车祸头骨破碎,县府点将让刘一刀亲自执刀手术。

刘一刀忽然感到阵阵心慌。徒弟小马轻声说:刘院长莫急,让我来。刘一刀看看徒弟,好在穿上白大褂戴上消毒帽蒙上大口罩,外人辨不清谁是谁。小马刀到"病除",给刘一心像灯一样亮着 XINXIANGDENGYIYANGLIANGZHE  刘 一 刀

刀解了围。刘一刀看着小马精湛的医术,内心涌出一股股难以言说的滋味。

最近医院提拔年轻干部,小马被举荐为候选人之一。

刘一刀斟酌再三,却用红笔重重抹去了小马的名字。小马感到很憋气,好一段时间不搭理刘一刀。

变 化 的 什 物

当一枚果子投进黑夜的时候
它也由此变成黑色
我看见无数的果子
不断落下　落下
像刮起一场黑色的旋风
当所有的果子都停留于某个高度
我担心它们还能不能保持原来的温度?

幽谷拾光

迂腐的封建观念泯灭了多少人性的光芒,贞节坊轰然倒塌之声是否惊醒了那些麻木的人们?浓重的黑夜呵,为什么要捻掉那一点脆弱的火星?

在你低垂的屋檐下,何时才能泊来明净的曙光?

蛟龙出海

贞 节 坊

于心亮

冯瘸子真名叫冯二。

冯瘸子之所以叫冯瘸子,就因为他瘸。

冯瘸子无亲无故,单过,没啥能耐,只是在村头牌坊那摆一水果摊,摊不大,就是两个筐子上横一枣木扁担。

俩筐一扁担外加一瘸子,这并不出众,出众的是摊所处的位置。位置有啥?就是有那一牌坊;那牌坊有啥?就是三乡

心像灯一样亮着 XINXIANGDENGYIYANGLIANGZHE

贞 节 坊

五邻无不知晓的贞节坊!

贞节坊不高,不大,无雕花,无彩绘,只是乍一看灰里土气的一门楼而已。

但这正是冯家庄最大的骄傲!

冯家庄无外姓,乃一族,贞节坊就为全族贞妇而立!立下几百年,屹然不动!

冲着这一牌坊,全族贞妇还真贞!

所以,这贞节坊就很有威望。

所以冯瘸子的水果摊就很不孬!

冯瘸子卖东西不是论斤,而是论个。你买就卖,不买就算。无事就怔怔地瞅路上来来往往的人,认识的倒还罢了,不认识的,往往会被他瞅得不会走了。

把日子摆上地摊

太阳落山时，冯瘸子就用枣木扁担担着两筐一歪一歪往家走。这时，斜阳将他的影子拉得老长，俩筐子在肩头上一晃一晃儿地荡。冯瘸子就不由咧嘴乐了。他觉得那挺好玩。

每次回归，他总在冯贵店里沽点酒。不多，就半壶。然后晃回家随便扒点东西就着，黑暗里不点灯，喝完吃完扯上被上炕，一呼噜就到天亮。

隔壁就是冯材家。冯材早死，留下一寡妇婆娘。

冯瘸子想女人不？想！

冯瘸子就常想冯材家那婆娘。

那晚冯瘸子不点灯就着一把花生米喝下一壶酒就睡不着，睡不着就胡寻思，寻思来寻思去就翻过墙去在茅厕里把住了那婆娘，那婆娘就呼喊撕打引来了许多人。那许多人就对冯瘸子拳打脚踢最后把他用细铁丝绑住俩大拇指头吊在贞节坊下。不多，就两天两宿，放下后，瘸子俩大拇指就废了。

废了拇指的冯瘸子在家里窝了个把月，又瘸着一条腿出现在村口。村口哪儿？依旧在那贞节坊下，俩筐一扁担外加一瘸子。

闲着无事，冯瘸子依旧睁着俩眼珠子怔怔地瞅来往的行路人。熟悉的就都鄙夷地回过眼瞅他，不认识的，就又会被他瞅得不会走了。

不久，烽烟四起，日本人打进关里来。二十里外的沟芊屯也驻上了鬼子。

人心惶惶，想逃，又不知往哪儿逃。冯瘸子阴沉着个脸，

贞节坊

依旧摆摊儿,不管不问。

忽一日,一队鬼子围了过来。冯瘸子老早就瞅见了,想喊,又没喊,就这样,村里人没有一个逃出去。

全村人就集中在贞节坊下。

鬼子官是个中国通。他嘿嘿地笑:"贞节坊,这就是贞节坊?"

冯庄人出奇地缄默,小孩子想哭,嘴早给大人堵上了。

"听说只有三贞九烈的女子才配立贞节坊?是么?"鬼子官问的是冯九爷,是德高望重的老字辈。

钢刀架在脖子上,冯九爷颤颤指了人丛中的一个人——冯材家寡妇婆娘!

那婆娘"嗷——"一声嚎起来,早有两个日本兵抢过去捆住,把她的腿拉开来。就在鬼子的淫笑声中,婆娘的哭喊声中,冯庄人的静默中,猛地炸起一声"住手!"然后走出一人来——冯瘸子!于是,冯家庄的村民惊讶地发现:冯瘸子今天走得很稳,腰挺肩直,就那么缓缓地站定在鬼子官面前。冯瘸子说话了,说的话让冯家庄人能全部羞死,那就是:冯瘸子与寡妇婆娘的丑事!

鬼子用狐疑的目光刺向他:"当真?"

冯瘸子冷冷地笑,闪电般夺过鬼子官的钢刀,光影一闪,一截东西掉在地上——冯瘸子的大拇指!

在鬼子的狂笑中,"轰隆——!"挺立几百年的贞节坊炸塌了。

这一响,惊醒了呆滞的人们。

"还我的清白——!"寡妇婆娘悲嚎一声。

人群愤怒了,潮水般涌过来。

冯瘸子直直地站着,眼张得老大。忽一拳砸来。他便手捂着脸倒下去,那截残缺的手指正在兀自涌着血……

听到枯枝断裂的一声响,冯瘸子在人丛的拳脚群中见到那根枣木扁担正从自己的那条好腿上移开。

冯瘸子知道,自己再也站不起来了。

而那边,在那残断的贞节坊前,正有一个女人哭得伤心……

突破黑夜的包围

多少人在黑夜里失去了自己的影子
多少双手　滋生着险恶的心象
悄悄迫近谁高举的脖子
要一把扭断那激越的呼吸
但深入人心的光芒就要到来
一场痛快淋漓的太阳雨
就要扫除那积淀已久的尘埃

笑队队员胡天

他压抑着内心的愤恨、酸楚和痛苦,尽量以最饱满的音质,装出无比欢快的样子,响亮而持久地"笑"着……可伴随着那"笑"声,他的心却像是被利刃连连剜着似的。

笑队队员胡天

卢江良

胡天是笑队最小的队员,今年16岁。

胡天是无可奈何的情况下,加入笑队的。因为那时他娘生病死了,私生儿的他失去了一切经济来源。

笑队的行业性质有些类似于眼下盛行的乐队,其主要职责是通过"笑"给客户带去热闹和快乐。

据笑队老板透露:创建笑队的前提是:如今的人们整天

为生活奔波、担忧,越来越不懂得笑了,即使在喜庆场合,也习惯以一副愁苦的面庞出现。

因为笑队是一种行业,其服务的内容——"笑",作为一种职业,自然不再是平常的笑,它具有更高的要求:必须声音洪亮、音质饱满、充满欢快。

对于"笑"的前二条要求,笑队的队员操作起来几无困难可言。难度最大的莫过于最后一条——充满欢快!这就是说,一旦进入工作,不管你是快乐还是悲伤,都必须强作欢颜。要在悲伤时"欢笑",可想而知那是一件多么痛苦的事!

半年下来,胡天已经厌倦了那份工作。但由于除了"笑",他实在没有把握找到其他的行当,所以依旧痛苦地支撑着。

这天,胡天又像往常一样去上班。到了单位,老板通知他们,今天要为一位大老板的婚庆场合去"笑"。他在布置任务时强调指出:"这位客户出手非常大方,你们必须'笑'得比以往各次更出色。要是'笑'得好,每人奖励100元;要是谁影响了这次'笑',就叫他立马走人!"

接受了任务,笑队一行来到结婚现场。

那场婚礼是在这座城市最豪华的大酒店举行的。新娘是一位20岁上下的娇美女人,新郎看上去比较老些,估计在40岁左右。胡天从一些宾客的窃窃私语中隐约得知,新郎这次结婚是梅开二度。

心像灯一样亮着 XINXIANGDENGYIYANGLIANGZHE

笑队队员胡天

胡天无暇关心新郎是哪家公司的老板、梅开几度，他只是警告自己这次可不能"笑"砸了！

胡天和其他队员列队站在酒店大堂两厢，屏息静气地等着主婚人宣布婚礼开始。他们的任务是主婚人一宣布婚礼开始，就纵情欢笑，直至婚礼结束。

主婚人开口说话了。胡天一听到"新郎胡仪"几个字，心里不由得格登了一下。他娘曾告诉过他，他的爹就叫胡仪，是一家建筑公司的老板。于是，胡天迫不及待地问旁边的宾客："新郎是不是在一家建筑公司当老板？"得到证实之后，胡天的脑袋顿时"轰"地炸开了。

这时，宣布即将结束，"笑"马上就要开始了。可胡天愣着，失去了任何笑的欲望。他的耳畔一遍又一遍地回响着娘临死前对他说的话："你爹是个没有良心的人，我生下你后，他从没来看过一次，还不承认你是他的儿子。"心里充塞着难以言状的愤恨和痛苦，那一刻，他只想哭一场，狠狠地哭一场，哭自己不幸的身世，哭这些年来娘俩承受的苦楚。

正在这节骨眼上，站在胡天旁边的同事似乎觉察了胡天的异样，用手肘碰了他一下，提醒他："别愣了，快开始了！"

胡天这才一下子被惊醒过来，想起了老板布置任务时强调的话："要是谁影响了这次'笑'，就叫他立马走人！"内心便产生了一种深深的担忧：他无法想像自己一旦失去了这份工作，今后还怎样生活？！

"笑"开始了，胡天努力压抑着内心的愤恨、酸楚和痛

苦，尽量以最饱满的音质，装出无比欢快的样子，响亮而持久地"笑"着……可伴随着那"笑"声，胡天的心却被利刃连连剐着似的。

婚礼结束了，任务完成了。胡天第一个离开了大堂，跑进酒店卫生间。他将自己关在里面，再也忍不住肆意痛哭起来……

这次"笑"，客户胡仪非常满意，他给了笑队丰厚的报酬。

笑队老板鉴于自己麾下的出色表现，不仅没有食言——奖励每位队员 100 元，而且多奖了胡天 50 元。他认为这次"笑"胡天表现得最为出色。

这次"笑"之后，胡天离开了笑队。至于他离开的原因，笑队里没一个人说得清。

诗文并茂

变异的人

到处是溃疡的风景　你的眼睛和五官
被泡在沸腾的尘埃里
而你的思想正在蒸发　然后消失
在鼻尖和下颌之间　有一口硕大的嘴巴
足可以吞下所有的黑暗

细细品之,那大众心态和客观的世态油然而跃于纸上。笔锋所及之处,直面人生,负载了太多的社会责任感。静心读之,思接千里,意通八方,感慨万千。

痴　　圣

王孝廉

小街邻河,聚居十余户人家。石板路坑坑洼洼,又无街灯,夜黑中常有不知深浅的路人一阵阵惊叫。

十余户人共用一座厕所。厕所不大,蹲位男七女三,也无尿槽,男女间一矮墙相隔,墙体斑驳,石灰皮一块块掉了。上为疏瓦,通风透光性极强,故臭味不浓。女人们在厕所里蹲着拉家常,一二知心友邻排排心里话,便觉畅快。厕所便成了小街龙门阵的发源地。男人这边要安静得多。男人出入快捷,龙门阵大多溜到离厕所七八米的肖家茶馆里去泡。

青春小小说平台 把日子摆上地摊

肖家茶馆在小街是老字号,三代单传都开茶馆。当今老板肖德善,膝下两女一儿。小儿两眼翻白鼻梁挤拢,形象痴呆,唤名"痴三"。痴三说痴又不痴,有时反应还极为敏捷。只是鼻涕如冰瀑倒挂,悬而不绝,无师愿授,便成天闲逛。

痴三蹲入厕所双手抱头便似瞌睡状,一蹲数十分钟,不作任何声响,仿佛在练神功。一日痴三迷糊中忽听矮墙那边有"嘻嘻"笑声,一妇人问:"涨红(洪)水哪?"另一妇答:"嗯!这次还来得凶猛些。"

痴三一激灵,冲将出来,沿街直嚷:"涨水了,涨水了,街上要淹脚背了……"众人一惊,望望这几日奇热的太阳天,皆朗笑。痴三下河岸一看,河水依然静悄悄,摸着脑壳爬上岸来变得更痴了。老茶客三爷将茶碗往桌上一蹾,捋须而笑:"痴三真乃痴儿也!"三爷是小街的头号长者,三爷是喝了点墨水的三爷。是时农历四月初八,历来此时没涨过水。

入夜,大雨倾盆。次日河水涨至街沿,广播说是太阳核子超常规爆炸,造成异常天气。三爷一声长叹:"真被痴三言中,怪了!"一街人都说痴三有特异功能,能预知天象。

一日痴三又蹲厕中,忽听隔壁有蚊蝇般声音,一妇说:"你看出来没有,张家男的与陈家女的搞上了……"另一女回:"是觉得有些不对头,两个骚货,啧啧……"

痴三眨眨眼,慌忙收拾停当,三窜两窜跑去找张家女和陈家男的如是说。张家女的怒目圆睁:"好个痴三,你挑拨离间……"话音未落"啪"地给痴三一耳光。陈家男的尴尬笑

痴　　圣

笑："痴儿说梦！扯淡！"肖德善跑过去扭着痴三耳朵往家拉，边拖边骂，气得直跺脚。

夜深人静时，张家和陈家传出摔碎东西的声音和哭闹声。

过两日，张家两口、陈家两口都先后离了婚。又过几日张家男的与陈家女的果真搞在了一起。

茶客三爷说："痴三乃一介天才！"

一街的人都悄悄地接近痴三，私下拉痴三入室问隐秘事，还拿出香蕉苹果待之。于是痴三说李家两口要离婚不久当真也就离了婚，痴三说王家两口儿不会吵架了关系会好的果然就好起来……

茶客三爷逢人便说："痴三乃痴圣也！圣者痴之至绝妙境界也！"肖德善也眯眯眼露出一丝儿笑。

几位妇人齐声问:"痴三圣,你看三爷能活好多岁?"

痴三冲口而出,"百零单八岁……"肖家茶馆曾有江湖说书人讲过水浒人物百零单八将,痴三对梁山英雄那是敬佩得很。

茶客三爷持须长笑。三爷今年七十有三,还要活从解放到现在这么多年。

翌日晨,小街骚动,小街头号长者茶客三爷因兴奋过度死于突发性心脏病。

众人找痴三理论,在那斑驳的厕所里,痴三正反手抱着头打呼噜。

诗文并茂

真想做个痴者

时下　世上多狡诘之人
暮蔼沉沉　你能看透几人之心
咳　真想做个痴者
把烦琐的心计扔给别人
疯疯癫癫地生活
在头发和脖颈之间
永远保持那份清新　那份真

 劳模老莫

几十年如一日挥汗如雨,憨厚墩实的笑容里也隐藏着别人难以察觉的依恋和辛酸。但铮铮作响的铁骨之中永远浇铸着生命的热流,生活的期盼。即便某一天轰然倒下,我坚信:你高举的精神枝干也依旧撑起一片蓝天……

劳模老莫

叶大春

老莫从当学徒起到临近退休,整整烧了四十年锅炉。他没日没夜地厮守锅炉,老婆跟人跑了,一个女儿不好好念书干脆停学了,一个儿子没人管教误入邪门歪道坐了牢,但老莫因烧锅炉有功当上了省劳模,家里的奖状奖匾满壁都是,奖章奖杯摆了一橱柜。有人统计过,老莫四十年来很少休假,把节假日、加班加点累计起来,按八小时工作制计算,

把日子摆上地摊

他已干到了 2020 年的活儿。

这几日,风传工厂要破产,将被私人老板收购。老莫心烦意乱忧心忡忡,要不是锅炉缠身,他早就扎进工友堆里去问个子丑寅卯。老莫心有主见头脑冷静,一来锅炉实在离不开他,锅炉一停全厂就要瘫痪,万一锅炉爆炸就会出人命;二来自己是省劳模,不能不顾身份不讲觉悟,把自己等同于一般老百姓,凡事要相信政府依靠组织,只能帮忙不能添乱。

那天,多日不露面的厂长神情憔悴地路过锅炉房,递给老莫一根烟,望着老莫黑汗水流的疲惫样子,一阵酸楚歉疚,沉缓地说:老莫,从今天起,你把锅炉停烧吧,好好休息一下……厂长在香烟盒上写了几行字,递给老莫:从明天起,工厂就由公改私了,我这厂长也当到头了。这些年来我对你关心不够,欠你的人情债太多,这是我最后一次行使厂长权

心像灯一样亮着 XINXIANGDENGYIYANGLIANGZHE

劳模老莫

力,给你批一笔劳模补助费,你快去领吧!老莫颤抖着接过那张薄薄的纸片,那上面批的数额不大,却也不小,足够给他刑满归来的儿子作本钱做点小买卖的。但老莫在厂长转身而去时,就毅然将纸条扔进了炉火中。有福同享有难同当,厂子都要垮了,哪还有脸去领劳模补助费?

老莫将锅炉熄了火,但仍日夜厮守着锅炉,怕激怒的工友干糊涂事,将锅炉撬去换钱或砸了卖铁。大难临头人心叵测,什么鸟儿都有。果然,一天深夜,几条黑影窜到锅炉房,惊醒了老莫。老莫声色俱厉:你们要干什么?黑影说:没你的事,放聪明点只管蒙头睡觉!要不把你假装绑上也行!老莫怒吼:你们休想打锅炉的鬼主意!我与锅炉厮守这么多年,看得比我的老伴还要亲,你们要砸它,别怪我不客气!老莫怒擎一把大锤,硬是吓跑了那几条黑影。

新厂长上任后,不知怎的知道了老莫保护锅炉的事迹,重金奖励了老莫。老莫拿那笔钱,救济了那些被除名或下岗或生病的工友,其中就有要砸锅炉的人。老莫还是像过去那样烧锅炉,还是那样勤勤恳恳任劳任怨,只是想到过去是为国家作贡献,现在却是在给私人老板卖命,心里酸溜溜的,说不出是什么滋味。尽管工资奖金比过去吃大锅饭时还拿得多,福利待遇也有了明显的改善,但老莫心头上仍笼罩着一层说不清道不明的阴影。老莫心事重重时,就独自嗟叹,对着老伙计锅炉嘀咕,有时还啜泣着,流出老泪。

一天傍晚,新厂长踌躇满志地踱步经过锅炉房时,看到

青春小小说平台 把日子摆上地摊

老莫一身煤灰、满头大汗的样子,惊讶地问:你怎么不穿工装不戴口罩手套?怎么不领台电风扇?老莫嘿嘿笑了:大老粗哪那么娇贵?烧锅炉的还穷讲究什么?几十年就这么过来的,习惯了!新厂长说:不行!新厂新规矩,劳保得达标,锅炉房不能拖后腿,明天我再看见你赤膊露脸地干活,就停你的工扣你的奖金!老莫瞠目结舌。新厂长又问:几人烧锅炉?老莫答:就我一人。新厂长一愣:明天我派两个人来。老莫直晃手:别派人来,我一人侍候锅炉就行了,这么多年都是我一人烧锅炉……新厂长愤怒地说:乱弹琴!长年累月加班加点,没节假日,这是严重违反劳动法的,你想让我吃官司栽大跟头呀!老莫心里一震,泪水情不自禁地流下来……

锅　炉　工

酱色的皮肤流动着淋漓的大汗
熊熊的火焰铸造了你钢性的肌体
带着裂痕的干燥血的腥味
日复一日年复一年　精心地整饬日子
让生命的每一个细节
都拖一串火星爆一地霹雳

橱窗里的模特儿

看呵,那男模的嘴角挂着微笑,双目平视前方——这是慈祥而伟大的父亲呵!你知道他在渴求着什么、呵护着什么、展示着什么吗?你知道那僵直的身体里贮藏着多么炽热的爱的火焰吗?

橱窗里的模特儿

肖显志

白立晨悄悄对沙强说,我们去逗模特儿玩哪!沙强问,什么模特儿?白立晨往前指了一下说,东方商业大厦门前橱窗里的模特儿。沙强说,那些模特儿我见过,不是木头的就是塑料的,逗它们有什么好玩的。白立晨说,不不,不是木头和塑料的,他们会动耶!沙强说:布娃娃还会动吗?

白立晨认真起来,真的真的,我前天还逗过一个身穿皮尔·卡丹西服的家伙呢。嘿！真有意思，他一开始真忍得住，后来我又是龇牙又是咧嘴又是吐舌头的，才把他逗笑。哈哈哈！真好玩。

沙强摇头说，不，不，不可能的。商业大厦橱窗里的模特儿都是死的，还会笑？不可能的。

白立晨说，谁说是死的，活的，会动呢！就像机器人似的会动。你不信我们就打赌，谁输了谁就给对方买……买……一袋炸薯条。沙强说，赌就赌，反正输的不会是我。他说着从衣兜掏出10元钱来冲白立晨晃晃。这张钞票是爸爸昨晚给他的，爸爸说他开支了，一个月拿一千多块呢。爸爸是个演员，有一米八零的个头，面部棱角分明，不亚于电影明星，剧团解体后爸爸自己出去干演出，沙强几次要去看爸爸的节目，可爸爸总是不答应。

我老爸是艺术家，沙强踢了一脚易拉罐问白立晨，你爸爸工作怎么样？我爸爸走了，到南方赚大钱去了。白立晨往天上望了一眼说，你肯定会输给我的。说完他加快了脚步，沙强紧走几步才跟上。

远远地，东方商业大厦映入他们的眼帘。一座多么雄伟的大厦呀！到了大厦前，白立晨说我们数数有多少层。他们就数了起来：1、2、3……23层！他俩几乎一齐喊。

我们去逗模特儿玩吧！白立晨认真地说，可不许耍赖。沙强也认真地说，就怕你耍赖呢！

就在那儿。白立晨说着跑到一个大橱窗下面，头有些仰

心像灯一样亮着 XINXIANGDENGYIYANGLIANGZHE  橱窗里的模特儿

地看着橱窗里一个男模特儿。他指指那个男模特儿说,今天他穿的西服还是皮尔·卡丹。

沙强在橱窗下立定脚步,只见那个模特儿虽然身体僵直,可胳膊和腰缓缓地动着,就像一个机器人。

来呀!看我怎么让他笑的。白立晨说着,冲那个男模特儿又是挤眉又是弄眼,可男模特儿就是无动于衷。

沙强看着看着身子渐渐僵住了,表情也僵住了。那个男模的手稍稍向前抬起,上身微微仰,下巴收些,嘴角挂着微笑,双目平视前方……沙强不敢再看,闭上了眼睛。

看哪!看我是怎么逗他笑的。白立晨拿出他的绝招——二十三种面部怪相,瞪眼、龇牙、咧嘴、吐舌……可今天那个男模特儿如僵了一样,面部毫无表情。来呀!快来跟我们一起玩呀!白立晨急了,唤沙强,逗模特儿玩呀!

我、我输了……沙强喃喃地说,我请你吃炸薯条。

沙强你是怎么了?这个模特儿还没笑呢,你怎么就认输了呢?白立晨感到奇怪,定定地看着沙强的脸,再看看橱窗里的男模特儿,再看看沙强的脸,也似乎明白了什么,拍了下沙强说,我们不玩了。

白立晨拉着沙强走进一条胡同,沙强面向墙壁,哇地一声大哭起来……

站在橱窗里的父亲

是的,我注定要从幻想回到本真
然后转过身　重新审视你冷峻而僵硬的面孔
我注定要在欢愉的痴迷之后
回到庞大的清醒和孤独中去

没有昔日的沉醉　没有多余的眼泪挥霍
举起骨头　我必须清点属于自己的伤口
并再一次仰视那方湛蓝湛蓝的爱的天空……

心像灯一样亮着 XINXIANGDENGYIYANGLIANGZHE

探　　　亲

铿铿锵锵的一条汉子,汩汩滔滔的一腔热血,引领铁骨壮士鏖战荒野,播洒下滚烫的汗水,抒写下壮丽的人生诗篇,让梦在这里滋生蔓延,让爱在这里凝聚、熔炼……

探　　　亲

王明新

　　121钻井队卡了钻,事故处理了一个半月,如今钻井队实行成本包干,这口井白干了不说,还赔了百十万。队长胡子觉得窝囊,一队的人都觉得窝囊。

　　这是一片新探区。地质部门又布置了一口新井,4800米,超深。

　　这时候差不多到了春节,新井安装完毕,开钻在即,队上召开动员大会。胡子说,都写封信回家安抚安抚,春节谁的老婆也不准来探亲。扰乱军心!

新井就要开钻了,大伙儿给家写了信,没了别的想头,只想着打井,井就打得顺利。

这天下午三点多钟,胡子一觉醒来只见床头放着一封信,一看那字和地址,就像有人往脖子里塞了一团雪,禁不住浑身一哆嗦,拆开看了不到一半就"嚓嚓"几把将信撕了。胡子像头发怒的狮子,在屋里团团乱转,一边转一边一口接一口吐痰。

信是妻子写来的,说她带着女儿春节到队上来探亲,定下日子让胡子一准去接站。信大概在路上多耽搁了几天,胡子算算时间,正好今天该到。本来四点钟跟二班去井上接班,胡子只好对二班长说,我请一个小时假,去车站接个人,你多加小心啊!

胡子说得很平静,就像去接一个与他没多少相干的人。

二班一个钻工说,是嫂子来了吧?

胡子说,我想你嫂子你嫂子不想我,想我她也不敢来。那个钻工伸伸舌头,知道自己说漏了嘴,胡子自己定的规矩他能打自己的脸?

车站只是一片空地,连间候车室也没有,惟一的标志是栽在地里的半截水泥电线杆子,上面用白漆写着几个字:草甸子车站。时间久了,白漆已浅了许多,有些看不出来了。

胡子老远就看到妻子和女儿在那截水泥电线杆子下面坐着,刚才强按下的火这时候又一股一股往上蹿:谁叫你来

心像灯一样亮着 XINXIANGDENGYIYANGLIANGZHE

探　　亲

的？扰乱军心！

妻子正用一张疲惫的笑脸哄着女儿叫爸爸，那笑立刻就僵在脸上，泪水很快就蓄满了眼眶，终于抑制不住，忽地滚下一串来。女儿看着这个满脸胡子的陌生人的凶样，吓得"哇"一声哭起来。

看着这娘儿俩，胡子忽然感到一阵心酸。说起来也怪自己粗心大意，本来也要给妻子写封信的，但结婚十年的妻子从来就没来过也从来就没提过要到队上来的事，所以信就省了，谁知道她会来呢？

胡子把行里挂在自行车上，说上车吧，又不是来吊丧的。

妻子说，你嫌俺，俺走，俺娘儿俩又不是来要饭的。

胡子没吭声，一只手抱起女儿，一只手推着自行车往前走。胡子的妻子在后头跟着。

一进队院胡子就把自行车铃搣得丁当乱响，口中大声嚷：来客人啦！来客人啦！大伙儿看时，只是一个年轻女人和一个孩子，都一愣，接着便围上来，大呼小叫亲亲热热地喊嫂子。卫生员一朵花则拉起胡子女儿的小手，要她喊阿姨。胡子却急了：嫂子，嫂子，谁是你们嫂子？人家年纪轻轻，也不睁开驴眼好好看看！这一顿骂，把大伙儿彻底给骂傻了，都站住，看看胡子，看看胡子的妻子，再看看那个小女孩，一时都迷惑不解。胡子的妻子笑笑，拿出一摞煎饼让钻工们吃。

胡子说，122队一个村的老乡，他们队比咱远，在这中

39

转。这时,胡子看见了愣在一旁的一朵花,说就安排你宿舍里吧,明天我送她们去122队。队上只一朵花一个女工,还是因为早恋"发配"来的,所以一个人住了一间宿舍。胡子又朝食堂方向喊,老郭,还有吃的吗?给她们娘儿俩弄点儿,最好来点儿稀的。

老郭说,有,有,我给她们煮面条荷包蛋去,今天的菜还有,热热不费事。

安排完这一切,胡子一手抓了三个馒头,就着咸菜,一路吃着到井场去了。

半夜大伙儿回到队上,如一条条饿狼扑向食堂。食堂值班的仍是老郭。老郭的拿手饭是面片,今天晚上也是。胡子打了面片端着碗往宿舍走,用筷子一扒拉,碗里的东西咕噜噜乱滚,天黑看不清,就回过头问老郭,你给我碗里打的啥?是不是土豆掉锅里了?

老郭说,土豆,土豆。我刚才削土豆皮不小心把土豆掉锅里了。

胡子骂道:你这蠢货,敢欺负我,人家都吃面片,叫我吃半生不熟的土豆。肚子却饿了,用筷子扒拉起一个土豆张口就咬,意外的又软又面还喷香,是鸡蛋!胡子用筷子在碗里扒拉扒拉,竟有四个,心中纳闷,今天老郭犯了什么病?肯给我偷偷煮荷包蛋吃……

胡子想着,并没耽搁吃,一路狼吞虎咽,回到宿舍时一搪瓷碗面片和四个荷包蛋已全部打扫进肚里去了。胡子将盛原

心像灯一样亮着 XINXIANGDENGYIYANGLIANGZHE

探　　亲

　　油铁桶的闸门开大一些，炉膛里立刻一亮，呼呼有声，不一会儿，房间就暖和了许多，胡子脱下工衣，擦了澡，看看手表已是深夜一点多了。

　　队上除了卫生员一朵花单独一间宿舍外，队干部也是每人一间宿舍，胡子这间宿舍又兼做队部，放着电话和报话机，因此胡子从来不锁门。胡子走到床前，床头上放着一张字条，胡子好奇地拿起来看时，见上面写着：

　　胡子队长：嫂子在我宿舍里等你，快点儿来吧。我今天上零点班。

　　不用说字条是一朵花写的。看了字条，胡子如冷不防被人打了一枪，子弹洞穿心脏，顿觉身体如一具空壳，木然不知所措。想起刚才的四个鸡蛋，一股热热的东西自胸中涌上

来,身体渐渐恢复知觉,有东西掉在手中的字条上,将字洇湿,变得模糊不清,才知道是泪。

胡子关了灯,躺在床上,四周寂静无声。许久,"吱嘎"响了一声,不知是门响还是风声。

人 生 体 验

让精神的背景迅速挪移
让我们对生存的眷恋
因天宇的冷漠、悭吝
愈加理智和深厚
继续等待　那吐纳新绿的一刻
骨头里的铁　血液里的铁
能不能把我们的灵魂推向顶端?
能不能迸溅出火热的思想和情感?

心像灯一样亮着 XINXIANGDENGYIYANGLIANGZHE

将　军

幽谷拾光

天将降大任于斯人者,必先苦其心志,劳其筋骨,空乏其身。哥以乐观的态度正视人生,以顽强的毅力挑战厄运,于痛苦的磨砺之中锻铸一幅将军的神态。哥是平凡之人,但绝非平庸之人!

蛟龙出海

将　军

刘建超

"15年以后,我会成为一名将军。"哥借助字典读完一本泛着黄色的《孙子兵法》后,右手握着书轻轻拍打着左手心,站立窗前一脸庄严,两眼望着无边的天际对我说。哥那年12岁。

哥高中毕业报名参军。全县800名应届毕业生中挑选3名飞行员,哥是最后6名候选人之一。哥打开箱子搬出平时不许我翻动的几十本宝贝书:"这些都留给你了,好好学习,哥当了将军回来接你。"可哥政审没有通过。哥哭了一天,背着母亲缝好的被子到80里外县化工厂当了一名学徒工,每月23元钱。

哥的师傅为人尖刻。哥除了干活还要给师傅洗衣打饭,星期天还去乡下帮助师傅家干田里的活。哥的师傅烟瘾大,爱下棋,常哄着哥陪他下棋,谁输了谁就买一包"黄金叶"。哥的工资除去吃饭大都"孝敬"师傅吸烟了。学校放暑假,我背着一小口袋白蒸馍去看哥。哥屋里除了母亲缝的那床被子,啥也没有。一张苇席铺在地上,上面堆满了棋书。哥光着膀子坐在席上打棋谱能打一通宵。"目前局势是这样的,我赢师傅已在把握之中了。"哥说。晌午,哥和师傅下棋又连输三盘。哥的师傅伸着黑乎乎的手从小口袋里抓走了三个白蒸馍,我心疼得直掉泪。哥说:"兵不厌诈,你还不懂。"哥转正那天,在职工食堂与师傅挑战:"谁输一盘,一条'黄金叶'。"哥将三条烟放在桌上。围观的人开始起哄。哥的师傅从兜里掏出一沓菜票:"泼上下个月吃咸菜了!"哥就蹲在凳子上,一手托腮,一手调动兵马,直杀得师傅大冷天硬是出了一头汗。不少人给哥的师傅当"高参"也无济于事。哥干脆利索连胜三盘。哥收起菜票揣着烟从容潇洒走出食堂。师傅瞪着眼张着嘴半晌没缓过劲儿。哥在厂里名声大震。

15年后,哥没有当将军却当上了爸爸。哥给女儿起了个响亮的名字:上将。嫂子噘着嘴老大不愿意。上将升入小学

心像灯一样亮着 XIMXIANGDENGYIYANGLIANGZHE

将　　军

后，嫂子的厂里出现困难，厂里不少职工托人找关系往哥的厂子里调。嫂子也怂恿哥去找领导谈谈。哥在屋里背着手不停踱着步子，说："从目前局势看，我厂的效益确实不错，但是个污染严重的行业，治理是早晚的事。而你厂的产品是国家建设的资料性产品，定当扶持。"如哥所料，不出一年，哥的厂被勒令停产，嫂子的厂又红火起来。嫂子对哥佩服得不得了，对哥伺候得也更周到。上将升入中学后，城里兴起建房热，双职工借钱筹资在县城新规划的职工新区盖房子。哥不为所动。老街四邻新房建成，请哥去"燎锅底"，哥吃着人家的酒菜，看着人家的新屋，迸出两个字："惜哉。"主人让哥说个明白。哥用手指蘸着酒在桌上画了一幅地图，一手撑着腰，一手拿着一根筷子："目前的局势是这样的，云梦河是流入淮河主要支流之一，横跨半个省，途经四个城市，是造成春夏两季洪灾的主要因素。现今世界是资源之争，重点在石油，10年20年后，争夺的重点将是水资源。云梦河水质优良，白白浪费掉还是水患之根，治理只是时间早晚的问题。从县地理位置上看，要治理云梦河非葫芦口处莫属。在葫芦口处筑堤，受淹者职工新区首当其冲。费了人力、物力、财力，居不上三年五载就拆迁岂不惜哉？"主人不爱听，酒席未散就把哥请了出去。3年后，职工新区果然开始拆迁，哥成了县城家喻户晓的人物。

　　天未降大任于哥，同样劳其筋骨，空乏其身。女儿上将在一次郊外春游中因车祸丧生。嫂子因失女儿之痛精神恍惚，

晾晒衣服时不慎从二楼坠下,治疗3个月最终还是截瘫。为给嫂子治病哥花光了所有积蓄,变卖了所置家当,还背了两万元的债务。哥却处之坦然,只是头发白了许多。闲暇时,哥推着嫂子出去"散步",嫂子怀中抱着两样东西,一只折叠的小马扎,一副象棋。哥放稳轮椅,打开马扎,铺开棋盘,接受男女老少的挑战。不论其棋艺高低,哥从不敷衍。每次把对手逼入绝境,一声"将"之后,哥便从衣兜里摸出一包烟来,抽出一支叼在嘴上,嫂子会及时划一根火柴将烟点燃,对哥粲然一笑。哥深吸一口烟,再将烟雾从鼻孔唇缝缓缓吐出,那副踌躇满志的神态俨然一位将军。

诗文并茂

上升的过程

不要低头　更不要回头
把世俗的编执扔进太阳的黑洞
把我们有限的生命之旅投进无限的宇宙
接近最高的黑暗　寻求碰撞
以庞大而孤独的自由
去迎接我们神经中从未体验过的节奏

兵　　味

当兵几载,染了一身兵味儿,纵使你使出浑身解数,也甩不掉那渗入骨子里的兵的气质和风度。

当兵的人啊,你就是不一样,无论你如何掩饰,你永远是一杆枪!

兵　　味

赵光志

条令里规定义务兵外出一律着军装,老兵们这几年也都这么做的。

离退伍还有一个月,洋提议说,咱当兵四年了,每次外出都穿着板正的军装,走在大街上很是拘束。现在快退伍了,何不穿便装出去放肆一会儿。凯和林边听边点头。洋他们不愧当了四年兵,很容易躲开了纠察,混出了军营。

同是往昔的繁华,但在穿便装的三个兵眼中独有这一次是不一样的。这次洋他们可以大胆地进入一些条令禁止的场所,但洋他们倒不是想玩什么,只不过想见识见识,将来回地方也好向同伴们吹吹。

先是到了一家发廊,几个穿着很少的小姐围上来。洋他们就张大着眼睛欣赏着说,给哥儿们的头发美一美!小姐们扑哧笑了,这位兵哥哥说话真幽默。洋他们不由得纳闷,你们怎么知道我们是当兵的?小姐们还是笑,麻利地给洋他们围好围布说,你们三人在门口一站,我们就感觉到了。感觉到什么?洋急着问。小姐也答得很幽默,兵味呗!

三人再走在一块儿就改变了走法,凯在中间,左边搂着洋,右边倚着林,晃到一家酒店。点了几个菜又要了几瓶啤酒。因为以前从没敢在外面喝过酒,怕纠察抓到,现在便装一穿,胆子也就大了,三人你一杯我一杯地喝了起来。本来心情很好,却在结账时又让洋他们有一丝不痛快。结账小姐说,本来是110元,不过你们军人优惠,100元就行了。

走出酒店洋就对凯、林说,你们看看我哪里像个当兵的!凯用那被酒精刺红的眼来回看了看洋,说,看不出来,倒是越看越像个小流氓。洋说,那酒店的人也真神,咱们怎么瞒也瞒不住这身份。林说,你管他呢。于是三人就放开喉咙:我是一只来自北方的狼……

晃着唱着的洋他们发现后面来了几个纠察,看来早就被注意上了。洋他们并没惊慌,仍然不急不缓地互相搂着抱

心像灯一样亮着 XINXIANGDENGYIYANGLIANGZHE

兵　　味

着。纠察们走上前来拦住他们：请拿出证件来！林上去就指着刚才说话的纠察的鼻子吼：你们干什么？老子是偷了还是抢了？走路碍你们当兵的什么事！那名纠察被林吼得脸红红一连声地道歉，对不起！对不起！

看到纠察认错，洋他们三个心里偷偷地乐，没想到骗不了老百姓，反而骗了真正的当兵的。在酒店的那一丝不快也一扫而光。

走着走着的洋他们突然听到一声短促有力却又犹如霹雳般的断喝：

立定！

一个标准的军人口令。预令下在左脚，动令下在右脚。洋、凯、林们的右脚"啪"地靠拢左脚，定在原地。

也是一个标准的军人立定动作!

还没等洋、凯、林反应过来,经验老到的纠察已经围了上来。

退伍前的洋、凯、林又被集中起来,重新学了一遍《内务条令》。

你是一杆枪

你是一杆枪　始终站在某个高度
静静地守候着每一个黎明
你是一杆枪　钢铁的骨架
带着灵魂辽阔的边疆
让流动的火　把积攒在内心深处的干柴点亮
你是一杆枪哟　在每个晚上
我都能听见你铮铮的声响……

高举一根自己的骨头

今夜一朵雨做的云覆盖着整个天空。

今夜,你的脸皮被世俗撕掉。

为了寻找一个新巢,你捧着谁的心跳,把搁笔缄口的诗人,烧出一身清醒冷汗来?

高等教育

世间有多少无法落幕的盼望,有多少关注多少心思在幕落之后也不会休止。我亲爱的朋友啊!只有极少数的人会察觉,那生命里最深处的泉源永远不会停歇。这世间并没有分离与衰老的命运,只有肯爱与不肯去爱的心。

高 等 教 育

司玉笙

强高考落榜后就随本家哥去沿海的一个港口城市打工。

那城市很美,强的眼睛就不够用了。本家哥说,不赖吧?强说,不赖。本家哥说,不赖是不赖,可总归不是自个儿的家,人家瞧不起咱。强说,自个儿瞧得起自个儿就行。

强和本家哥在码头的一个仓库给人家缝补篷布。强很能干,做的活儿精细,看到丢弃的线头碎布也拾起来,留作备

把日子摆上地摊

用。

那夜暴风雨骤起,强从床上爬起来,冲到雨帘中。本家哥劝不住他,骂他是个憨蛋。

在露天仓垛里,强察看了一垛又一垛,加固被掀动的篷布。待老板驾车过来,他已成了个水人儿。老板见所储物资丝毫不损,当场要给他加薪,他就说不啦,我只是看看我修补的篷布牢不牢。

老板见他如此诚实,就想把另一个公司交给他,让他当经理。强说,我不行,让文化高的人干吧。老板说我看你行——比文化高的是人身上的那种东西!

强就当了经理。

公司刚开张,需要招聘几个大专以上文化程度的年轻人当业务员,就在报纸上做了广告。本家哥闻讯跑来,说给我弄个美差干干。强说,你不行。本家哥说,看大门也不行吗?强说,不行,你不会把这里当成自个儿的家。本家哥脸涨得紫红,骂道,你真没良心。强说,把自个儿的事干好才算有良心。

公司进了几个有文凭的年轻人,业务红红火火地开展起来。过了些日子,那几个受过高等教育的年轻人知道了他的底细,心里就起毛说,就凭我们的学历,怎能窝在他手下?强知道了并不恼,说,我们既然在一块儿共事,就把事办好吧。我这个经理的帽儿谁都可以戴,可有价值的并不在这顶帽上……

那几个大学生面面相觑,就不吭了。

一外商听说这个公司很有发展前途,想洽谈一项合作项目。强的助手说,这可是条大鱼呀,咱得好好接待。强说,对头。

外商来了,是位外籍华人,还带着翻译、秘书一行。

强用英语问,先生,会汉语吗?

那外商一愣,说,会的。强就说,我们用母语谈好吗?

外商就道了一声"OK"。谈完了,强说,我们共进晚餐怎么样?外商迟疑地点了点头。

晚餐很简单,但有特色。所有的盘子都尽了,只剩下两个小笼包子。强对服务小姐说,请把这两个包子装进食品袋里,我带走。强说这话很自然,他的助手却紧张起来,不住地看那外商。那外商站起,抓住强的手紧紧握着,说,OK,明

天我们就签合同!

事成之后,老板设宴款待外商,强和他的助手都去了。

席间,外商轻声问强,你受过什么教育?为什么能做这么好?

强说,我家很穷,父母不识字。可他们对我的教育是从一粒米、一根线开始的。后来我父亲去世,母亲辛辛苦苦地供我上学。她说俺不指望你高人一等,你能做好你自个儿的事就中……

在一旁的老板眼里渗出亮亮的液体。他端起一杯酒,说,我提议敬她老人家一杯——你受过人生最好的教育——把母亲接来吧!

镜　　子

一面普普通通的镜子
它的存在极容易被那些四处奔走的眼睛忽视
但它终究是一面镜子
只要你靠近它温热而宁静的胸怀
把自己渐次打开
你就会窥见你心灵之上的尘埃……

泥兴荷花壶

荷花壶淡紫,莲蓬杯碧青,荷叶托浓绿,音色绵且玄。如此宝中宝,怎配段艺泉?三关巧设计,弄得杯身残。掩卷入沉思,你有何感叹?

泥兴荷花壶

孙方友

泥兴荷花壶,陈州特产。该壶的外形如同一朵刚绽的荷花,四只盖杯造型似莲蓬,托盘则如一张刚落水面的莲叶。特别是杯和盘不但造型美观,而且自有一种浑然天成的色彩,荷花壶淡紫,莲蓬杯碧青,荷叶托浓绿,让人悦目赏心。

泥兴茶具用料讲究,制坯很薄。经过窑变,呈现天然色彩,不着色,不上釉,全靠细磨打光。更令人称奇的是,用指一弹,"当当"作响,且一壶一音,音长如绵,如琴似弦。壶坯虽薄,但极坚固。薄而固,贵在土质。陈州有种胶土,柔和含刚,做泥人制壶坯,确为稀世好料。用这种壶泡茶,不亚于宜兴的紫砂茶具,同时具有独特的良好的透气性能,沏出茶来,茶叶既有茶香,又无熟气,汤色澄清,滋味儿醇正,即使将茶叶留在壶中,夏天隔夜也不发馊,实属茶具中的上品。

很早的时候,陈州泥兴壶就有官窑和民窑之分,但无论官窑与民窑,真正供奉京城皇宫内的泥兴壶,多是陈氏壶。陈氏壶的开山鼻祖叫陈百万,到了民国年间,陈百万的第十代玄孙陈三关又当了窑主。

没了朝廷,又逢军阀混战的动乱岁月,陈氏壶开始流落民间。只是陈氏壶造价极高,一般人家买不起。能用起真正贡品的,多是些达官贵人。

这一年,段祺瑞从界首来到了陈州城。

陈州距皖地只有百十华里,两方搭界,段祺瑞说来也就来了。段祺瑞和他的部下是化装而来。因为陈州有伏羲陵,段祺瑞正在倒霉时节,他来是求拜人祖的。那一天段祺瑞是富商打扮,去北关朝拜过人祖,又看了陈州七台八景,这时候想起了陈州泥兴茶具。他原来有一套荷花壶,而且那把壶已经用老,壶下满是丘状茶渍,不下茶叶照样有茶色。可惜,有一次与太太动怒,不慎打碎了。那是真正的宫廷用品,是他任江北提督时袁世凯赠送的。袁项城的老家距陈州很近,且又是陈州于家的乘龙快婿,因此他极喜爱家乡泥兴茶具。段祺瑞家居皖地,与袁项城算半个老乡。袁项城家乡观念重是众

高举一根自己的骨头 GAOJUYIGENZIJIDEGUTOU

泥兴荷花壶

所周知的,让他官至参谋总长、国务总理之要职,算是很对得起他。自去年被直系打败之后,他愈发思念袁大总统了。因此,他决定要买一套陈州泥兴荷花壶。

段祺瑞派人问清了陈三关的家,便带随从直奔陈府。

陈府位于南门西尚武街的街尾处。一座庭院,三面环水,风景十分秀丽。陈府的高大门楼上悬挂着历代朝廷赠赐的御匾,很是威风。

那时候陈三关已年近古稀,但身板挺硬朗。银白的须眉下藏着一双深邃的眼睛,言谈举止皆给人以高深莫测的感觉。段祺瑞带一班人马走进府门的时候,陈三关正在给壶打光。他见来一富商,且气度超群,知是非凡人物,忙起身迎客。段祺瑞拱手还礼,报了化名,说是慕名而来,专程到陈州欲购一套陈氏泥兴茶具。陈三关让人沏了茶,笑问:"恕我冒昧相问,先生愿出大价吗?"段祺瑞笑答:"若能得一宝壶,鄙人在所不惜!"陈三关见来客爽快,顿然来了兴致,命人抬出几箱茶具,一一打开,对段祺瑞说:"这是一百套上品,我再从中挑出一壶,可丑话先说不为丑,先生要拿出这一百套的钱来!"段祺瑞大度地笑笑,当即命人掏出一托盘钢洋,放在了桌子上。陈三关拉过箱子,开始一把接一把地朝外抛壶,一连抛出一百把,从高空落到地上,皆完好无损。段祺瑞惊叹,十分怀疑自己原来的那把壶是否真货色。他正在走神,只见那陈三关已把一百把壶同时摆在了案子上,取出一根细铁棍儿挨个儿敲击,凡音裂音哑者,当即抛出。最后,陈

把日子摆上地摊

三关认真挑出 21 把，个个音质如琴，细细地分出高低音，又按音序排了三排。此时的陈三关满面红光，精神抖擞。只见他如入无人之境，饱吸一口气，双手各持一根细铁棍儿，悠地飞舞开来。铁棍儿如蜻蜓点水，在 21 把壶上弹跳，美妙的音乐被飞舞的铁棍儿荡开，如泣如诉，似高山流水，似珠玑落盘，惊得段祺瑞张大了嘴巴。细听了，原是一曲《春江花月夜》。他从未听过如此玄妙的壶音，禁不住心头颤抖。这时候，只听那陈三关突然改了曲牌，奏出了《十面埋伏》，且越来越急，如同千军万马，如同暴风骤雨。厮杀声，马奔声，枪击剑砍声响成一片。段祺瑞瞪圆了双目，如临大敌，正欲呐喊几声，突然曲终音绝，万籁俱寂。在场的人如同刚从血战中杀将出来，个个头上冒着汗水，面色苍白，长长地嘘了一口气。

这时候，陈三关已汗透脊背，他郑重地转过身，望了众人一眼，然后跨左一步，亮出了"琴案"。众人再看时，个个目瞪口呆，只见案上已瓦砾一片，惟有一壶亭亭玉立于瓦砾之中。陈三关挽了衣袖，托了那把壶，用铁棍儿击了一下，音质如初，不嘶不哑。他捧了那壶，呈到段祺瑞面前，说道："客官，宝壶挑出来了！"

段祺瑞受宠若惊般抹了抹双手，十分恭敬地接了那壶，惜惜地抚摸，如视家珍。

陈三关擦了擦汗水，呷了一口茶说："客官，你有福气，赶上了军阀混战的好时机！这是我家祖传的挑壶程序。古时候为皇上挑贡品，多是用此种套路。你今日正赶上我有雅

兴,算是享受了皇上的待遇!"

段祺瑞一听大喜,满面顿溢红光,忙命人掏出赏钱,送给了陈三关。陈三关接过赏钱,又问道:"见客官气度非凡,决非寻常之辈!你能否告诉我真姓大名,也好让我记准此宝壶的下落?"

段祺瑞迟疑了一下,笑道:"师傅好眼力!鄙人姓段名祺瑞字艺泉!"

陈三关一听是段祺瑞,禁不住目瞪口呆,好一时,他才平静下来,施礼道:"段大人真乃是富贵之人!此种宝壶为百里挑一,实属宝中之宝!据我所知,此种壶多有灵性,得此壶者,能救主人一命!"

"此话怎讲?"段祺瑞不解地问。

"枪打宝壶,子弹只过一壁!大人若不信,可当面一试!"

段祺瑞半信半疑,让人把壶放在一个高处,掏出枪来,对准壶身打了一枪。只听子弹头儿在壶内如钢珠跳舞"叮叮当当"响了一阵,然后发出颤音落在了壶底。众人取壶相看,果真只过一壁!那子弹穿过之处只一个圆眼儿,四周且无一点儿炸纹儿。

陈三关哈哈大笑。

段祺瑞万分懊悔地叹了一口气,捧着宝壶呆呆如痴……

诗文并茂

荷 花 壶

绰约的身影之中　金属在闪光
一场预约而至的音乐的劲风
在骨胳与骨胳之间流动　荷花壶
你淡紫色的风景改变不了山河的气息
你改变的是茶的颜色和品质
那上面有谁最纯粹的呼吸?

未晋级人

比成绩,看贡献,不任亲,不避贤。危险面前自己干,荣誉面前靠边站。如此好官,岂能不令人称赞?老顾啊,你还好意思纠缠?

未晋级人

程世伟

有人告诉老顾（我们那儿不论年龄都称"老"），问题出在段长那里。老顾便说："那好,这一次轮到段长尝尝本人的驴劲儿了!"

一刻钟后,老顾出现在段长室了。

"段长大人,为什么不给我涨工资?"老顾发火一般是循序渐进的,开始的态度尽量保持平和。

"很简单,此次调资不是百分之百都涨。"段长性格内

向,回答问题简练准确。有时不爱说话。

"那么请讲一讲,我哪地方不如那些涨上工资的人!"老顾虽只有初中文化,却常有极硬的词儿对付领导。

"……"段长没话了。他曾听说面前的青年人很难斗。

"请您回答!"老顾刚才并没对段长称"您",这会儿却称起"您"来了,面部表情也显得比先前严厉多了。段长仍找不出适当的词儿回答。他从抽屉里拿出一管鼻通,仰着脖往里面滴着。老顾见此状愈加来劲了。

"你若答不出,从现在开始我就是你的影子。你走到哪里我就跟到哪里。你和老婆睡觉时除外。"

"随便,但我要提醒你,这几天我得了感冒,你要提防被染上。另外,在你做我影子期间不能算出勤。"

"我同意,不过我以同志名义每天向你借个午饭钱,你总不会拒绝吧!"老顾从段长的烟盒抽出一支烟,用自己的火柴点燃。

"我现在要到水解釜那儿去烧焊,你怎么办?"段长边说边站起身,戴上安全帽。

"我是你的影子,你说怎么办?"老顾把大半截烟扔进烟灰缸,随段长走出办公室。楼下机修门前已经有不少人准备看热闹了。

水解釜那儿正在进行一项艰苦的作业。段长的到来使这里的气氛活跃了。工人干点苦活总有一种希望领导看到的心理。

有人从段长身后发现了老顾,便问:"你来干什么?"

"你们大干,哥们大闹!"老顾说着也跟段长上了操作台。

"轮班下,每人十分钟。"焊工班长向段长汇报。这是一个直径两米、高三米的铁罐。上面进口只是不大个小圆,人下到里面很困难,在里面烧焊遭罪程度不难想像。

"我来试一试。"段长戴了皮手套,从班长手里拿过面具、焊把准备下釜烧焊。

老顾犯起难来:段长下到罐里,我是他的影子,我下不下?这里面可是装农药的,电焊一打,味儿可够我喝一壶的。不下,这位段长大人就不晓得我的驴劲儿,以后什么事也别想办成!死活一个价!下!

段长刚下到釜里,老顾也跟着下。焊工班长上前阻拦,老顾瞪起眼睛。班长无奈,只好递老顾一副墨镜。

水解釜底部为慢圆形。为烧焊方便,搭了两块厚木板。段长两脚踏着木板弯下腰,他的手下随即闪出一道道刺眼的白光。老顾戴上墨镜,站在段长身后,看见一缕缕青烟顺着段长两肩起来,不禁捂住鼻子,盼起钟点来,很快,罐内充满呛人的烟雾。老顾感到窒息了。老顾的眼睛流泪了。老顾开始看表了。他记得,班长曾说过十分钟一换人的。现在已经过了八分钟,上面的人为什么还不做准备工作?十分钟到了,老顾终于忍不住了,对着上边喊起来:

"妈的,怎么还不换人?都死绝了!"

"你不要喊，自己先上去嘛！"段长替上边的人回答。

"你别显大眼儿！我若涨了工资，也会像你一样，装装相的。"老顾准备开骂了。他要在这九立方米的铁罐里骂个淋漓尽致。他的驴劲儿要在这铁制容器内爆发出来。烧焊人并未回答，铁釜内突然黑起来——段长昏倒了。

原来段长一直在发高烧。

段长被抬上救护车，老顾也上救护车。车上有人问："段长若死了，上炼人炉你去不去？"

老顾很从容："去，绝对去！不去，×他一万辈！"

车上又有人问："你对段长没涨上工资怎样看的？"老顾足足愣了半分钟，最后结结巴巴说："他……怎么能……不涨呢？！"

救护车停在职工医院时，老顾偷偷溜掉了。

人心是杆秤

眼睛是明镜，人心是杆秤。

不怕有个烂摊子，就怕没有好班子。

干部带头干，群众还有啥意见？

——新民谣

高举一根自己的骨头 GAOJUYIGENZIJIDEGUTOU

一 碗 面

于百无聊赖之时,突然发现,这世界还有那么多关爱的眼睛!那洗涤灵魂的声音,那来自陌生之处的问候,一次次撞击我的心坎,叫我于沉迷之中,重新辨清前面的道路……

一 碗 面

朱敛锋

毕业以后,我就去广州的一家合资公司报到。在南下的火车上,身上的钱不慎被小偷扒走。刚出校门,我就陷入了尴尬的境地。

我只好在一个中转站下车,住进一家最便宜的旅馆,用仅剩的10块钱给家里发了封最加急的求助电报。我饿得头昏眼花,连走回旅馆的力气都没有了。之后,我把自己关在黑

青春小小说平台　把日子摆上地摊

暗的房间里,用被子罩住身体,再也起不来了。想起人生的无常和孤身一人客落异乡,禁不住愁肠百结,忧郁万分。傍晚的时候,服务员领着三位旅人进来,其中一个高个子大汉住在我对面。这些年,出门在外的人相互多了防范,四人同居斗室都不言语,默默地把包当作枕头,和衣上床睡下了。两天多水米滴粒未进,我已经饥肠辘辘,难受得翻来覆去无法入睡。对面的大汉也没睡,倚在被子上,一支接一支抽烟,火光映出他清瘦的脸。偏偏我那不争气的肚子这时"咕咕"嚷起来,一阵比一阵叫得响,引得大个子目光不停地往我身上"瞄"。

　　一夜无事,早上旅人们爬起床摸摸各自的衣兜和提包,相继往外走。大个子走到门口时脚停住了,他好像看透了我的落魄,轻声叹口气:"一块儿去吃饭吧!"那声音,居然是乡音,我不由自主随他下了楼。在路边的小饭摊儿上,大个子笑着对老板娘说:"要两碗面,多加些汤水。"面很快端上来,我早已饥不择食,把道谢和学生的斯文统统抛到脑后,捧起碗狼吞虎咽猛往嘴里扒。一会儿,一大碗面见了底儿。大个子没动碗筷,静静地看着我,又轻轻把面前的碗推给我。我告诉他路上的遭遇,他沉默了一会儿说:"我知道你现在的处境,五年前我和你一样,为了'取经'办市场,拉厂家合作,我来这个城市拣价钱最低的饭店住,吃从家里带来的煎饼卷。这个商城充满了希望和竞争,我想挤进来,每次都被人拒之门外,身上只剩下10块钱了,我就睡在大桥下,一天只吃一顿饭,渴了找自来水喝。我整天在人家公司门口

高举一根自己的骨头 GAOJUYIGENZIJIDEGUTOU

一·碗面

等,见人出来就上前'磨'机会。我饿得头晕眼花,几乎撑不住了,我多想进饭店饱饱吃一顿呀!可是我身上钱很少了,招商的事还没有眉目,我还要挨下去。最后感动了这家公司的老板,他答应见我一次。我摸出带着我体温的最后一点儿钱,用它在路边的饭摊儿买了一碗面,撑起瘪瘪的肚子,很精神地站在人家面前。我用一碗面,叩开了我们公司发展的机遇。"

他摸出10块钱递给我:"你现在只用它吃面,记住,无论到什么时候,无论在什么地方,你都要把自己当成只能吃一碗面。"

他告诉我,他是山东华苑集团公司的董事长。我险些惊掉手中的筷子,堂堂的董事长兼老总也住10块钱的旅馆,吃这么简便的面,他可是个腰缠万贯的"款"呀!他身边连个

伴儿都没有。大个子笑了:"几年了,我来这里办事,习惯了住这家旅馆,吃一碗面,感觉着前几年创业的滋味。"

他的故事讲完,拍拍我的肩膀,头也不回地走远了。

我久久沉默不语,端起饭碗,一口气将碗里的面汤喝个精光。这是我平生吃的最香的一碗面,是我生命中最丰盛的"八宝饭"呀!

我会永远记住生命中的这一碗面,记住无论在什么时候,到什么地方,我只能吃一碗面。

诗文并茂

来自远方的声音

多少年来　我抓不住那片醒目的蔚蓝
抓不住永恒或瞬间
我用手指计算时间　用身体代替屋檐
现在　你用身边的那棵树晃醒我的睡眠
我知道　你是我生命里
精心布置的悬念　一如我能够理解
天很蓝,仿佛多年以前……

高举一根自己的骨头 GAOJUYIGENZIJIDEGUTOU  惟一的听众

在那个美好的心灵的感召之下,我的手中终于能够抖落出美妙的音符来,那是一颗心对另一颗心相通相融的结果。要知道,有时候,爱能够溶化一切,也能够塑造一切!

惟一的听众

落 雪

用父亲和妹妹的话说,我在音乐方面简直是一个白痴。当然,这是他们在经受了我数次折磨之后下的结论,在他们听起来,我拉的小夜曲就像是在锯床腿。这些话使我感到沮丧和灰心。我不敢在家里练琴,直到我发现了一个绝妙的去处。就在楼区后面的小山上,那儿有一片很年轻的林子,地上铺满了落叶。

第一天早上,我蹑手蹑脚地走出家门,心里充满了神圣

感,仿佛要去干一件非常伟大的事情。林子里静极了。沙沙的足音,听起来像一曲幽幽的小令。我在一棵树下站好。我不得不大喘了几口气使自己平静下来。我庄重地架起小提琴,拉响了第一支曲子。但事实很快就令我沮丧了,似乎我又将那把锯子带到林子里。我懊恼极了,泪水几乎夺眶而出,不由得诅咒:"我真是一个白痴!这辈子也甭想拉好琴!"当我感觉到身后有人并转过身时,吓了一跳,一位极瘦极瘦的老妇人静静地坐在一张木椅上,她双眼平静地望着我。我的脸顿时烧起来,心想这么难听的声音一定破坏了这林中和谐的美,一定破坏了这位老人正独享的幽静。我抱歉地冲老人笑了笑,准备溜走。老人叫住我,她说:"是我打搅了你吗,小伙子?不过,我每天早晨都在这儿坐一会儿。"有一束阳光透过叶缝照在她的满头银丝上,格外晶莹。"我猜想你一定拉得非常好,只可惜我的耳朵聋了。如果不介意我在场的话,请继续吧。"我指了指琴,摇了摇头,意思是说我拉不好。她说:"也许我会用心去感受这音乐。我能做你的听众吗,就在每天早晨?"我被这位老人诗一般的语言打动了,我羞愧起来,同时暗暗有了几分兴奋。嘿,毕竟有人夸我,尽管她是一个可怜的聋子。我拉了,面对我惟一的听众,一位耳聋的老人。她一直很平静地望着我,我停下来时,她总不忘说一句:"真不错。我的心已经感受到了。谢谢你,小伙子。"如果她的耳朵不聋,一定早就捂着耳朵逃掉了。我心里洋溢着一种从未有过的感觉。

惟一的听众

很快我就发觉我变了,家人们表露的那种难以置信的表情也证明了这一点。从我紧闭小门的房间里,常常传出阿尔温·舒罗德的基本练习曲。若在以前,妹妹总会敲敲门,装出一副可怜的样子说:"求求你,饶了我吧。"我现在已经不在乎了。我站得很直,两臂累得又酸又痛,汗水早就湿透了衬衣。但我不会坐在木椅上练习,而以前我会的。不知为什么,总使我感到忐忑不安,甚至羞愧难当的是每天清晨我都要面对一位耳聋的老妇人全力以赴地演奏;而我惟一的听众也一定早早地坐在木椅上等我,并且有一次她竟说我的琴声能给她带来快乐和幸福。更要命的是我常常完全忘记了她是个可怜的聋子!

我一直珍藏着这个秘密,直到有一天,我的一曲《月光》奏鸣曲让专修音乐的妹妹感到大吃一惊,从她的表情中我知道她现在的感觉一定不是在欣赏锯床腿了。妹妹追问我得到了哪位名师的指点,我告诉她:"是一位老太太,就住在12号楼,非常瘦,满头白发,不过——她是一个聋子。""聋子?"妹妹惊叫起来,仿佛我在讲述天方夜谭,"聋子?多么荒唐!她是音乐学院最有声望的教授,更重要的是,她曾是乐团的首席小提琴手!而你竟说她是聋子!"

我一直珍藏着这个秘密,珍藏着一位老人美好的心灵。

惟一的听众

　　被你的关爱梳理过
　　我就是你枝头上款款流淌的音乐
　　生活将由此抵达那条爱河
　　心灵将由此不再忧伤、困惑
　　当缤纷的花蕊挣脱冬的怀抱
　　是什么在执著地向我呼喊
　　是什么删除了我的落寞

高举一根自己的骨头 GAOJUYIGENZIJIDEGUTOU　　　老　　乐

乐比哭好。人活一世,何苦要把自己折腾得不像个人样?笑对人生,笑迎磨难和创伤,以乐观的态度走好人生的每一道门槛,让灿烂的笑永远挂在脸上……

老　乐

陈承保

老乐名如其人。他风趣、幽默,一张嘴就逗人发笑。兴许是乐观的缘故,五十出头了,老乐仍精神、利落,齐刷刷的平板头乌黑闪亮,赛过年轻人。八十老翁喊他老乐,他答应;三岁小儿呼他老乐,他不恼。有老乐在的地方都充满了欢乐。

老乐三十多岁时媳妇为他生了个女孩,他高兴得眼泪都流了下来。他说:"我就喜欢女孩儿,做男人太辛苦,我要让她乐一辈子。"可老乐的媳妇却不喜欢女儿,她觉得生女孩

把日子摆上地摊

是老乐的错,就跟别人乱来。有一回被老乐碰了个正着。老乐没拿当兵时练就的铁拳狠揍这对狗男女,反而利索地办了离婚,令那些好事者好生失望。老乐说:"天要下雨,媳妇要嫁人——有啥法子?"

老乐真是爱煞了女儿。每天下班回来离家还有几十米远就嚷嚷:"小宝贝,爸爸回来啦!"那女孩也真逗人喜爱:粉嘟嘟的脸蛋笑起来像朵花,水灵灵的眼睛像两泓碧潭,谁见了都忍不住要亲她。老乐说:"欢迎参观,请勿触摸——亲一次一角钱。"惹得大伙儿哄堂大笑。

老乐经常出差,女儿由他老母亲照看。可老人腿脚不灵便,撵不上活蹦乱跳的三岁小孙女。有一日,那小女孩跑到街上,被一辆疾驰的汽车撞死。老人又悲伤又愧疚,一下子瘫倒在床上。

连出祸事,欢乐祥和的住宅大院变得死气沉沉。老乐说:"咦,奇怪,你们是不是欠着别人的笑声,刚被债主收回去,只剩下皮包样的脸皮了?"大伙儿都纳闷:这个老乐啊,什么时候了,还这样说话。再回头想,老乐什么时候不这样说话呢?什么事叫他犯过愁呢?他住的平房又阴又潮,他却说:"我每次走出家门都有光明和清爽的惊喜,这是花钱都买不来的。"他从没向院里提出过更换住房。他办起案来是个拼命三郎,经常饥一顿饱一顿,得了胃病被割去三分之一个胃,他却说:"谢谢医生给了我每天为国家节约三两粮食的机会。"他刚担任执行庭庭长时,案件堆积如山。执行难

高举一根自己的骨头 GAOJUYIGENZIJIDEGUTOU

老　　乐

啊！执行法官们个个委顿如缩水的麻秆。老乐说："男人是枪，站起来是一条，躺下去也是一条。枪要是打不响，当麻秆扔进灶膛算了！"臊得小伙子们腾地立起来像根标枪。有次老乐执行一件"骨头"案。有个债务人把几十万元现款从银行提出来，在山上搭茅房居住，声称："要钱没有，要命有一条。"谁也不知道他把钱藏哪儿了。老乐半夜三更摸到山上，急急拍开那人的茅房，嚷道："发大火了！发大火了！"那人一愣，急忙跑向屋外的大树。老乐一下就明白了，说："快把钱挖出来，不然这火就烧到你身上了！"果然从树下挖出一大堆钱。在老乐带领下，执行积案如秋风扫落叶般荡然无存。执行法官们都说："跟老乐干活有趣又有效，真带劲！"大伙儿说老乐真个了不得，什么天灾人祸艰苦繁难的事，他都能当乐事应付自如。可也有人说老乐是个铁石心肠的人。

老乐说："我天生如此。别人出生时哇哇乱哭，我是嘻嘻笑，笑得我父亲心里发毛，赶紧给我起个名字叫方少乐。我

遵从父命,不笑了,可我还是乐。乐比悲好嘛。"

执行会战开始了,老乐去外地执行案件,一去20天。一天,消息传来:老乐被打成重伤!院长急忙带队赶去。在医院里,大家看到老乐静静地躺着。他的头发很长,上半截黑漆漆的,下半截却根根雪白。看到大家疑惑的神情,老乐艰难地说:"我女儿去世的那天,我的头发就全白了。我一直染头发,就为了给大家快乐。"说完他永远闭上了眼睛。但他的脸上却绽放了笑容——多美的笑容啊,像是终于完成了他最得意的幽默。

大伙儿都哭了。

我把石子踢出老远

我走在路上　我兴奋地把脚下的石子踢出老远
白日闪烁　大地依然在等待着生命的来临
而更浓重更密的草
不断地清理着我脚面之上的尘埃
我悠悠地走着　你知道我是多么幸福
我把那个石子踢出老远
我不想看见它灰溜溜的脸……

高举一根自己的骨头 GAOJUYIGENZIJIDEGUTOU  精　　神

　　人活着不能没一点儿精神！
　　在这个越来越现代化的社会里,物欲的膨胀泯灭了人们精神的火苗,那些钙质匮乏的灵魂的骨架很可能会在一夜之间突然坍塌……

精　　神

顾文显

　　谁知是哪个不小心,一膀子把那家伙蹭掉到地下,借着惯力,滴溜溜转至地中间,口儿就开了,噗噜噗噜冒白沫儿,吓煞个人!
　　新开的井口,连工棚都是简易的。矿工们装束好了,下井之前挤在这简易工棚里,都年轻、好疯,闹得小偏厦地动山摇,就闹出这桩事来。

冷丁把众人吓得哄地散开,一愣,又渐渐地明白,知道原来是灭火器,就都站住,等头儿或哪个懂行的去拾起,关上,不就结了?

也就是一愣神的工夫,箭一般地从人堆里射过一个人去,一下扑在那冒白沫的灭火器上。他不懂怎样关闭,只用手拼命去堵,身子死死地压在那物件上,一边火烧火燎地冲大伙喊:"快!快跑嘛你们!"

这是个小合同工,刚从农村招上来不到俩月。

看他那认真样儿,大伙儿笑得前仰后合。

小合同工更急了,破口大骂:"你们还不滚开,要死呀你们!"

大伙儿更是大笑。连个灭火器都不认识!

高举一根自己的骨头 GAOJUYIGENZIJIDEGUTOU

精　　神

忽然笑声一家伙咬住,井长来了。

井长过去把灭火器关上,看着已经自己爬起来的小合同工,那小脸弄得一塌糊涂。井长忍不住也笑了,他和蔼地问:"小伙子,你这是表演哪路功夫?"

小合同工脸腾地红了,赶紧扭向一边:"操,我当它要爆炸呢。"

井长的神色立即严肃起来。

几天后,井长跟矿长汇报,谈到那个小合同工,并要求给他转正。井长说:"我一定要留住他,就冲这种精神!"

井长说这话时,满脸是泪!

诗文并茂

另 一 种 力 量

在这个清晨我必须学会放弃自己
我唤出一种本能
用飞蛾扑向灯火的方式
燃起你麻木而潮湿的思维
我为灵魂欠缺的一面提供一种可能
我以激情约见另一种激情……

凝视着这个和他女儿一般大而又截然不同的女人,他的眼里竟湿润了,一种莫名的爱占据了他的内心。他走出空荡荡的屋子,在夏日的阳光里,掸掉吸附于衣物之上的尘埃……

追 债

肖柳宾

民工老王站在那个女人的房门前。阳光穿过走廊旁的花窗,刺花了他的眼。

一套外表很气派的住宅。

老王是头一次踏入这美丽的海滨城市。他到这里来,并非想和那些悠闲的旅游者一样去惊叹海上日出去品读沙滩阳光,而是为了找到包工头龙麻子。

高举一根自己的骨头 GAOJUYIGENZIJIDEGUTOU

追债

老王知道，龙麻子酷爱拈花惹草。

为了找到龙麻子的落脚点，老王花费了不少时间。有人告诉老王，龙麻子半年前瞒着老婆与一个乡下打工妹在这座城市同居，并给她买了一套商品房。

老王按响门铃，不停。

很久，屋里才传出一阵拖鞋摩擦地板的声音。接着，门开了，露出女人的一张脸。看上去，她不过20岁，模样也不错，只是脸上布满了一种与年龄不相称的苍白。她问："你找谁？"

老王迅速闪进屋里，四处看了一下。三房两厅显得很空，几乎没有一件像样的家具，也没有龙麻子的身影。老王问："龙麻子呢？"

女人目光呆滞，没有回答。

"龙麻子还欠着我的6000多元工钱。"老王警告女人，"两年前，龙麻子承包了一项工程，我给他打过7个月的工。可是，等到工程通过验收应该结算工钱时，龙麻子跑了——他一共卷走我们17个民工的工钱。"

女人漠然地听，仍然没有言语。

"妹仔，告诉我，龙麻子在哪里？就算是我求你了！"老王的口气软了一些，"你不能像龙麻子一样黑心啊！我女儿正读大学，儿子也在读高中，马上就要开学交费了。现在，我的荷包里只有250元钱，你叫我怎么办？你知道，龙麻子卷走的是我的血汗钱。"

83

"你不是第一个,很多人都上了他的当。"女人终于开口了,声音嘶哑,"这段时间,天天有人来这里,都是找他要债的。他用你们的血汗钱去炒股票,亏了60多万元,两个月前,他就跑了,因为有人到法院告了他。这屋里值钱的家具都让人给拉走了,用来抵债。这套房子,也被拍卖掉了。我……我在这个星期内,必须搬出去。"

老王听呆了,很久不知道应该怎样说话。后来,他看看空荡荡的屋子,似乎又感到不甘心,又追问道:"龙麻子总应该告诉你,他到哪里去了吧?"

"不,你想错了。"女人凄然一笑,"我不知道,他家人也不知道。前几天,他的乡下老婆还跑来我这里找他,说家里的财产也让法院清点了,还骂我,说是我害了他……"

女人说着,突然间就捂住了嘴,弯下了腰,"哇"地呕吐了。老王一惊,忙问:"妹仔,你生病了吗?"

"没什么,过一下子就会好的。"女人喘息了一会儿,说,"上了他的当的人还有我。他说,要和老婆离婚,然后娶我。我的肚里装着他的种,已经4个月了。他不吭一声就跑了,可我总在想,他一定会恋着这份情,还会回来看我的,可他……"

老王这才注意到,女人的腰有些粗。

老王凝视着这个痴情而又一贫如洗的女人,凝视着这个和他女儿一般大而又截然不同的女人,眼里竟湿润了。"妹仔,不要再想着龙麻子。他是个混蛋,总有一天会坐牢。"

他轻声说,"把胎儿做掉,再回家乡去,莫对别人提起这些事,好好过日子吧!"

女人捂住脸,失声痛哭。

当女人放下手的时候,才发现面前已经空无一人。她的脚下,放着一卷儿皱巴巴的10元面额的钞票,它们散发出一股淡淡的石灰和水泥的混合味儿……

此刻,老王正大步赶往车站。夏日的阳光,如手一般挤出他浑身的热汗。老王只给自己留下20元车票钱,他必须在今天赶回工地。在这个夏季里,老王为另外一个包工头打工。

美丽的谎言

今夜 一条宽宽的阴影正迅疾地移动
而脆弱的花瓣缺乏抵御灾害的能力
挂在枝头的那几枚青果
会不会擦着你柔情的眸子陨落?
没有丝毫的阻力和疼痛
没有声音
狂热的成熟之后会不会是更大的空寂?

幽谷拾光

那横跨了20年时空的不幸遭遇,以及由这不幸遭遇所揭示出来的我们这个民族所患有的既是历史的又是现实的封建愚昧和因循守旧的沉疴,又实在令人忍不住唏嘘感怀,忍不住要在心头产生沉甸甸重幽幽的悲哀和失望。

蛟龙出海

黑　　土

喊　雷

郑宇因与寡居的四婶颜氏成婚,族长在祠堂里以乱伦罪施笞刑7鞭,然后将其逐出郑氏门宗。

那是家法大于国法、族规大于乡规的年代,郑宇在得知颜氏已跳崖自尽之后,不得不带着血迹斑斑的鞭伤,爬上郑氏陵山,向九泉之下的父母挥泪拜别。

后来,几经辗转,郑宇流落到了欧洲,好不容易才进入S

黑土

地矿公司的化验室工作。

他离家出走时,曾将双亲坟头的一杯黑土带在身边。一天,他受好奇心驱使,从这杯黑土中取出一匙,投入试管……不料一个奇迹因此出现了:化验结果证实,这杯黑土原来是软锰矿土,其含锰量高得令人吃惊!

因此,他兴奋得夜不能寐,立即将这喜讯函告郑寨乡亲,并决定抛弃在S公司的优厚待遇,回祖国与乡亲们共同开发郑氏陵山。

外国友人对他说:"你是被逐出族门的游子,至今鞭痕犹在,如此执著地留恋那片故土,值得吗?"

郑宇说:"当年抽我的那条鞭子,实质上是贫穷和愚昧这两股牛筋拧成的。倘若家乡依旧贫穷,那条鞭子还会落在我郑氏子孙身上。因此,我殷切地希望为家乡致富尽一份力。"

辞呈获准后,归心似箭的郑宇便携带了他在海外惨淡经营得来的全部积蓄和有关地矿资料,欣然回到家乡。

郑宇勘察和开发郑氏陵山锰矿的申请,很快就得到批准。

县有关部门和矿山筹建处办的头一件事就是给郑寨村发文并拨款,要求村民在半月内将陵山上的有主坟墓迁出。

文件还规定:该矿场招工,将优先录用郑寨的青年;该矿场每年将提取纯收入的25%,作为郑寨兴办水利、交通、教育和公共福利设施之用……

通知下达两天后,县上有关人员陪同郑宇乘车去陵山察看坟墓掘迁进度。

通往陵山的村道两旁,早有闻讯而至的数百名乡亲在那儿等候这辆汽车。

郑宇早早就打开车窗,探头张望,让迎面的乡风吹拂他热得发烫的脸颊,醉倒在乡情的温馨和甜蜜之中。郑宇望着阔别20余载的乡亲,望着魂牵梦绕的郑寨的山山水水,禁不住热泪盈盈,郑宇怎么也想不到会有这么多乡亲赶来迎候他。

车在山口停下。车门一开,他的双手分别被两位长辈紧紧握住。忽然郑宇感到异常:那两双手带给他的不是温暖,而是锥心透骨的疼痛;面前的几百双眼睛射向他的不是悠悠乡情,而是如刀似箭的寒光!

鬓发皆白的族长讲话了,"郑宇,孽种!你为了报20年高举一根自己的骨头　GAOJUYIGENZIJIDEGUTOU  黑　　　土

前那 7 鞭之仇，回来挖祖坟、盗宝藏。狼子野心，罪不容诛！郑寨人饶不了你！"

群情激奋，人声鼎沸。一个个摩拳擦掌，跃跃欲试。"郑宇——滚蛋！"的喊声此起彼伏。坟地里一块块板结的黑土，向郑宇飞来。

郑宇招架不住，不得不躲进汽车暂避。刚一上车，就有一块车窗玻璃被砸碎。他俯身拾起砸碎玻璃的黑土块，捧在掌心，掂了又掂，看了又看，又是点头，又是摇头，一副百感交集、一往情深的专注神情。以致于他额头上刚被击伤淌下的鲜血和潸然而下的眼泪滴在这块黑土上，他都视而不见……

心　　　劫

黑夜慢慢贴近我的时候
天空也围拢过来
在膨胀和拥挤的目光里
我想到了毫无意义的逃跑
面对烛光和流水
我流浪已久的心究竟交给谁
金钱还是爱情？

幽谷拾光

在那个形而上学的年代,生活中确实有这样的现实背景。无论这个故事今天读起来多么令人叹息和惊讶,但至少让我们看见了一幅被爱情遗忘的角落里的山村图画。

好在一切都变了,我们看见时代的列车正载着百万农村打工仔南下去了,他们唱歌的是:"妹妹你大胆地往前走!不回头!"

霜 降

符浩勇

霜降还未过完,寒风就早早地来到远山的皱褶里,吹在四英岭下人家的心上。

事出有因:一年前当兵去的亚荣在一次拉练中不幸殉身,才过去一月,而他生前的未婚妻秋妹的身子却有孕三个月了。

高举一根自己的骨头 GAOJUYIGENZIJIDEGUTOU

霜　　降

　　四英岭下人家在久远的年月里，历来以拥军优属著称，沿袭下来的一条古老而固执的规矩，在方圆千百户人家中颇有口碑：当兵的人家受到想当然的礼待，可在岭下人家中挑一名称心的女子定婚；被定婚的女子贞心相守，等待当兵的退伍完婚。

　　秋妹的肚子日甚一日圆鼓起来，是哪个吃了豹子胆，竟偷吃禁果……

　　每天，太阳总缓缓地升起，又急急地落，夜好长好黑，惴惴的日子里，仿佛有什么灾祸来临……

　　前日，部队来人了，每家都抽人去问话。问话的内容是，调查亚荣是否回过村。亚荣当兵未曾探过家，可在清理他的遗物时，发现了疑点。有人还说，部队在镇上拉练时，亚荣一夜没有归队。村人都矢口否认亚荣回村过，但秋妹隆起的小腹，却又成为亚荣私溜回村的最大嫌疑。这关系到亚荣能否被追认为烈士的事。来人查问秋妹时，有板有眼，措词严厉；秋妹什么也没说，被问急了，就凄凄惶惶地哭……

　　其实，只有亚川知道，秋妹腹中的情种就是亚荣种的。

　　那是三个月前的一个镇墟日，亚川遇上拉练路过的亚荣。亚荣没有回村，却嘱亚川让秋妹到镇上见面。亚川也一直爱着秋妹，打懂事起就倾心于她，怎奈一条不可抗拒的规矩，秋妹成了亚荣的定婚人，他就把秋妹当妹子待，可又总不能欺骗自己对她一往情深。秋妹在镇上会亚荣的那晚，亚川站在一个角落里，盯着他俩相会的客栈窗户的灯光一灭，泪水涌出了他的眼眶。

亚荣的噩讯传来，秋妹整天精神萎萎的，脸蛋瘦削，眼围黑上一圈，他看在眼，痛在心。部队来人的问话，亚川想得更多更远，他决计了，他要帮她。他径直去找秋妹：

"秋妹，你要有勇气……你不嫌弃，我们就苟合过。"

"可我不是从前的我了。"秋妹脸上苦苦的。

"我知道，什么都知道，我们都要对得住亚荣，我要证明他是清白的。"

"怎么说呀，你只要不说亚荣让你找我，就好。"

"不，我要说，你的身子，我有责任……"

"那会连累你的，你不要说，什么也不要说。"

"不，我要说，我要说……"他甩下她，去找部队来的人。

……

部队人一走，村长就勃然大怒了，亚荣在部队献身，亚川

高举一根自己的骨头 GAOJUYIGENZIJIDEGUTOU

霜 降

竟然乘人之危？亚荣家人听了串唆，到县上告亚川破坏军婚。一时间，亚川成了四英岭下人家的大逆无道，骂声四起……消瘦的日子里，狗吠也不精神。

县上很快就有了回音，说定婚不受法律保护。于是，亚川托媒提亲，将秋妹娶过了门。成亲那天，上门拜贺的人寥落，全没往日四英岭下人家婚娶的风光。

这事让四英岭下的人家心寒了许多日子：好端端沿袭下来的一条老规矩硬是给亚川败坏了，惟一让人宽慰的是还能保全着亚荣的名节。

霜降过后，部队就差人给亚荣家送来了金灿灿的烈士证书……

断　　想

这一切都不在期待中　那只忧伤的鹰
离我远去　但愿我能向谁述说终极后的平静
荒凉而又空虚的梦里　一切都在消失着
就像那些情欲之血　在接近死亡的祭坛上
奔流不息　其实我又为何不去怀想美好的爱情
时间的语言犹如音乐　停留在谁的心里？

因为他是警察,他必须把恩恩怨怨抛下;因为他是警察,他不能只讲情爱深仇不讲法;因为他是警察……他要对得起肩上的那两枚亮丽的警花!

始　末

宋明磊

郭璞开门进来的时候,李言正埋头研读着手中的案卷,烟灰缸里满是烟蒂,屋里弄得烟雾腾腾的,有些呛人。

郭璞神情很是郁悒,看了眼李言,说姐夫你停一会儿好吗?我有话跟你讲呢。

李言头也没抬,说待会儿吧,等我看完了。郭璞脸忽然变得通红,说,姐夫,我杀了人!

李言却哧地一笑,说郭璞你别没正形了,我真的很忙

高举一根自己的骨头 GAOJUYIGENZIJIDEGUTOU

始　　末

呢。

郭璞的脸上便显出无限的悲哀来，颤着声说，姐夫，我杀死了张卫东。

李言忽地从卷宗里抬起头，眼神迷蒙蒙的，说，什么？郭璞你说什么？

郭璞苍白着脸，直视着李言，一字一顿地说，我杀死了张卫东，我替我姐报仇。

李言灼灼地盯紧郭璞，仿佛不认识了内弟，良久良久，也没能说出一句话来。郭璞这时却极平静，一副若无其事的样子，甚至还笑了笑，说终于让我给碰上了。

李言的妻子死于一年前的一个飘雪的午后，在李言的记忆里，那天出奇的冷，冷得刺骨。

李言接到电话时，简直以为是一场梦，然而现实毕竟是现实，妻真的死了，静静地卧在积雪的路边，一脸的诧异，肇事车却早已逃之夭夭。

从迹象看，故意杀人的成分居多，法医指点着给李言说。一旁哭成泪人似的郭璞，疯了似的，一拳将李言打翻在地，嘶声吼，是你害了我姐，你赔我姐。李言重重地跌在冰冷的雪地上，还没爬起，郭璞却又扑了过来，抱头痛哭。

李言默默地看着妻子，是报复！脑中忽然灵光一现，蓦地想起半月前执行公务时所遇到的那极怨毒的瞥。

张卫东！李言迅疾站起身，说快，请火速拘禁张卫东。

可张卫东已杳无踪影，各大车站、旅馆皆无消息。

95

把日子摆上地摊

张卫东在这个城市消失了。

郭璞以前很羡慕姐夫的职业,觉得很男子汉,两人又很投脾气,后来索性搬来,住一块儿了。

此刻偌大的房子,就剩下两个男人。相对枯坐,面前一大堆张卫东的照片、材料什么的。两人都胡子拉碴的,憔悴得没了形。

独处的时候,李言总想起妻子,每念及此,李言甚至想到过辞职,踏上千里寻仇的路。可是——能吗?

本来郭璞杀死张卫东,李言是应高兴的,可李言始终高兴不起来。

郭璞杀死张卫东后,杀红了眼,居然就手杀死张妻,张妻已有三个月的身孕。郭璞说我本来不想杀张妻的,可她不管不顾地抱着我,我没办法,姐夫,我实在没办法。郭璞说这话时神情很凄楚,又透着无奈。

李言看着郭璞,忽然没头没脑地说,你姐只有你一个弟,很疼你,对吧?

郭璞茫然,点了点头,所以我追寻了他整整一个年头。

李言点了烟,狠吸了口,说郭璞,你实在不该杀张卫东,更不该杀死张妻。郭璞忽然有些激动,说姐夫,张卫东杀了我姐,死有余辜,人人得而诛之。

可是,不是有我们吗?

姐夫,我担心报案后惊动了他,反而让他又跑了,那样会后悔死的。姐夫,我知道我犯了法,所以来找你,姐夫你得帮

始末

我。

李言看着郭璞怯怯的样子,心内一阵揪痛,不由又想起妻来,妻的温柔、体贴,俱不复存在了。郭璞之罪,全源于为姐报仇,换言之,是因为他李言。

李言还能说什么呢,换了他,恐怕也会那样做。李言重重地拍了下郭璞的肩膀,说走吧,快收拾收拾,上吉普,我送你走。

去哪儿?郭璞显得很兴奋。

去了就知道。李言面无表情,上了车。

他们去的地方是派出所。面对郭璞惊异困惑的眼神,李言只说了一句话,弟,这是你该来的地方,我只能送你到这儿了。

李言出门的时候,外面飘起了雪。李言打了个趔趄,差点儿跌倒。

开公审大会那天李言破例没去,什么结局他自然早已心知肚明。那晚李言喝了很多的酒,独自在屋里大声唱歌,唱"便衣警察",很悲壮的样子,然后哭,流了很多的泪。

李言知道,他送郭璞伏法和他不能辞职寻仇一样,没有选择,因为他是警察。

诗文并茂

舍　　弃

　　夜是脆弱的　你必须选择
　　自己生命的天空　你离开了巢
　　振翅之声　使秋天纷纷落地
　　其实　夜也是坚强的

凭着一扇门来转述抒情

当最初的钟声被时间踩碎,
当纷扬的花瓣迫近于生命的喉管,
当一切在静寂和喧闹中挥发成尘埃,我高扬的手指总能触摸到虚凉和温热。我是你忠实的信徒,又是叛逆者!我要携裹着大风、雷电和种子,于憨厚的土地之上,于精神家园之上,耐心地布置一场澎湃的水声。

城 里 人

成功与失落没有一成不变的皇历。

不仅城里人会变成乡下人,乡下人也能变城里人,正如一盘棋,有千万种棋路,当楚河为界的双方那些显赫一时的车马炮被"杀"得殆尽之后,留下一只能过河的卒子也将使昔日不可一世的将帅无可奈何花落去了。

没有固定的楚河,没有固定的鸿沟,没有固定的大将小卒,这就是市场经济这盘棋的美好和无奈。

城 里 人

肖柳宾

青年农民老八跟着辛毅进城,被安排在建筑工地当临时工。

辛毅是建筑公司的施工员,有点小权。

老八和辛毅是在一个村子里长大的,小时候玩得挺好,只是后来才有了差别——辛毅中专毕业后进城稳拿国家工资,而老八初中毕业后因为家里穷则回村种田。

应该说,是辛毅给了老八挣钱的机会。

辛毅毫不掩饰他的优越感。他领着老八参观单位分给他的一房一厅居室,然后拧亮他那台14寸的黑白电视机让老八赞叹不已,再然后就让老八坐在人造革沙发上欣赏他未婚妻(当然也是城里人)的照片……辛毅拍拍老八的肩膀,感叹道:"不知什么时候,你才能像我这样啊!"

老八很茫然地笑笑,无言。

老八确实没法像辛毅一样。老八和民工一起住工棚,夏天酷热冬天奇冷。吃饭时老八捧着小脸盆似的碗狼吞虎咽,里面除了几片青菜外便是冒尖的米饭。老八吃得很幸福,因为这能保证他有足够的力气去挥洒热汗。

老八先从拌浆提浆做起,也就是小工。老八干活时很不珍惜力气,除了拌浆提浆,还帮别的师傅干活,学砌墙学抹灰学贴瓷砖,等等。辛毅看见了,很是不悦,把他叫到一边,提醒他:"做工要精一些,要学会节省力气。你帮他们干,工资是发给他们的,你多拿了一分钱吗?"老八笑笑,无言。

"我们是同乡,我当然会照顾你。等以后招工,我去活动活动,争取给你一个名额,那时,你就是名正言顺的城里人了。"辛毅说。

老八就说:"谢谢毅哥。"

然而,此后的老八仍然爱帮师傅们干活。一晃,5年时间就过去了。老八这5年在工地干得很卖力,工人的所有技术活儿他都能干得很熟练,甚至还学会了绘设计施工图。但老八的身份没有改变,他仍然是临时工。

老八是在春天的一个晚上去向辛毅告别的,他说:"毅哥,临时工的工作我辞掉了,我要出去自己干。"

辛毅很惊讶:"自己干?干什么?"

"砌灶台、刮腻子、贴地板砖……有什么就干什么。"老八胸有成竹,"现在时兴居室装修,只要技术好,不愁揽不到活干。""哦,你是要去蹲街边,等人雇呀!"辛毅嘲讽地笑了,"你这种选择很冒险,怎么也比不上呆在我们公司强。"

"我蹲街边等人雇,确实要冒风险。不过——"老八望望辛毅,笑了,"你们公司只接上百万元的工程,所以就有许多零打碎敲的小生意等着我去做。大生意,总是由小做起的,你说对吗?"

辛毅愣愣地看着老八离去。此后,辛毅很久没有见到老八,也不知他怎样了。直到老八辞职后的第三年,辛毅才听说,老八已经注册成立了一家建筑装潢公司,生意很红火。辛毅有点怀疑:这是真的吗?

等到他见到老八,已经是老八进城的第15年了。那天,一个400多万元的工程进行招标,辛毅所在的公司竞标失败,而获胜的竟是老八的那家建筑装潢公司。

竞标会罢,老八拉着辛毅去了酒楼。之后,又开着轿车带辛毅参观了他的居室。四房两厅,里面琳琅满目的家什令辛毅赞叹不已。现在已经明显发福的老八告诉辛毅:"知道吗,从买下这房的那天起,我就得到城市户口了。这样的房子,我还打算买三套,让老婆崽女一起进城,因为买一套房,就可得一个城市户口的指标……"

辛毅沉思着,似乎没听见老八的话。

辛毅在想:现在建筑行业不太景气,听说公司最近要调整富余人员五分之一,我也在内。怎样跟老八说说,让我跟他干呢……

生活就是这样

我无法告诉别人阳光是什么颜色
这是自己的看法
也许我闭上眼睛就会有另一种颜色
也许我睁开眼睛
它又有别的一种颜色
生活就是这样
你无法看得太清

老刘误机

一切误了的东西就让他误了去；一切尚未误了的东西是应该去追求。但是误了的不一定不是福,追求到的不一定就不是祸。

老刘误机

王大经

小车在公路上轻捷地飞驰。老刘坐在车里,心中就像那车外阴霾的天气一样说不出个滋味。照理说这次他去 N 城参加一个学习班,分明是领导照顾他去公费旅游一回,应该高兴才是,然而与旁人一比,他又有点怏怏不快,为什么到退休时才安排他去,而别人……

车子突然"嘎"地刹住,老刘惯性地朝前一冲,头撞在前面椅子的软背上。司机小李告诉他,前面出了车祸,公路给堵住了。

老刘抬腕看了看手表,离飞机起飞还有一个半小时,从这里到机场要走上40分钟,如果车祸不能很快勘察解决,可能要误机。

"绕道到机场多少时间?"

小李道:"1小时20分。"

"那咱们绕道,一定要在飞机起飞前15分钟赶到。"

小李调过车头,迅速绕道朝机场飞驰。谁料好事多磨,上路没多久,路边猛地钻出一辆警车,车上走下一位警察,亮出雷达测速器,命令小李停车受罚。

"你超速行驶,知道吗?"

"知道。"

"那你是明知故犯!"

"这……我实在是不知道!"

"那你交通法规是怎么学的?罚款30元!"

小李知道他今天横竖都是错,便顺从地把钱交出去。如果顶牛不交,或许要吊去执照,或许要当场写检查,那老刘这趟上N城的飞机肯定要误时。

小李赶紧回到车上,见老刘已急得像热锅上的蚂蚁,嘴里直嘀咕:"倒霉的事儿全让我轮上了!"

小李知道老刘是单位里出名的老实人,不会吹牛拍马,一辈子辛辛苦苦,不知误了多少"机",到退休连个副局级也没轮上,只轮上这一回去N城学习的机会,实在不愿让他

再误机，于是二话不说，起动引擎，驾车上路，并使出平生本事，终于在飞机起飞前14分钟赶到机场。

老刘匆匆下车，拎着行李包直奔检票处。

"同志，你不能进了！"

"我有票！"

"检票时间已过！"

"刚过一分钟！"

"半分钟也不行！"

"这……"老刘想：我怎么能误机？机票损失自己掏钱补倒不算什么，但单位的同事要笑话我，平时看别人出差老眼红，轮上自己去了还是鸭吃砻糠没有福分——又误机！这窝囊气怎么受得了？老刘只得向检票员求情，可那检票员像包公一般——铁面无私，法不容情。

14分钟就这么白白捱过。停机坪上飞往N城的飞机起飞了，老刘垂头丧气地离开检票口。

忽然，有人尖叫："飞机出事了！"老刘回过头去，只见刚刚喷云吐雾朝天空飞去的那架客机，不知发生了什么故障，一头从天上栽下地来，"轰"的一声，浓烟滚滚，机体四分五裂，好一会儿也不见一个旅客从烟雾中逃生出来。

惊恐之余，老刘的心头蓦地闪过一种无比幸运的快意，如果方才路上不遇到车祸，如果交通警不处罚超速，如果早到一分钟，如果检票员不坚持原则，那么他现在要和那些上了飞机的旅客一样，跌落在飞机残骸之间，不死即伤！

他想到要感谢那检票员。他奔过去拥抱检票员,感谢检票员的大恩大德。谁料那检票员不领他的情,一把扭住他的胸脯,吼道:"你可坑苦我了!"

老刘愣了,他不知道什么地方对不住这位检票员。

那检票员继续失态地向他吼叫:"你为什么不早一分钟来?你误机,我才放我的爱妻上了这趟飞机……"

老刘终于全都明白过来了。

诗文并茂

偶　　然

一群挪动步子的石头羽毛被翻起
一匹马又重新站稳
一块铁在呼吸
一个村子走散了又聚拢在一起
生命在这个好天气里多么偶然
一切与你擦肩而过
每一天灵魂的漂泊　居无定所

在笼子呆久了,他要飞出去,寻找属于他自己的自由。结婚是爱情的归宿,而离婚是一种解脱。都说婚姻是爱情的坟墓,为什么不是圣殿呢?是不是该给对方留下一片空地?是不是该把自己固执的目光扳倒?

今天去离婚

张爱华

今天天气多好,是夏天里的一天,可是清爽透明却像初秋。不是离婚的天气,也不是结婚的天气,而是订婚的天气。

早上8点多,上班的人都走了,小孩子去了幼儿园,老年人还没到他们出来闲坐的时候,楼区像一条敞开的走廊那样安静。我们刚搬来那年栽种的柳树已经长成了大树,柳叶孜

孜地垂着,正准备负起阴凉的责任。这时地上的影子薄薄的,轻轻摇晃,仿佛你扯一扯自己的衣领,弯膝系系鞋带,它就消失了。几声嫩脆的鸟叫,像从4岁以下的女孩儿嗓子里发出来的,抬头望去,天空无尽的蓝。

我们如同去市场买菜一样(只是手上没提篮子)地去街道办事处办离婚手续。办事处离我们住处不远,拐过一排楼,越过一个卖瓜果的摊床,就到了。路上我们忽然想起一件事,稍稍商量一下:办手续的费用是50元钱——现在大概涨价了,当时只需50元——其他诸事我们在家就商量好了,只是这事儿忘了。他试探着问:"一人一半怎么样?"我一定是瞪了他一眼,他马上说:"算了算了,我一人拿好了。"

说着就到了。我站住,瞅一眼装作没事儿人似的他,觉得天空、寂静连同我们都凝固成片片断断的画面,想说话嘴却张不开,似乎被深深地嵌进了什么模子里。"你进去办,我在门口等你。"我提议道。

"我去问问行不行?"他没有把握地说。

很快他就出来了:"人家说,没有一个人来办离婚的。"

"你没告诉人家,我们结婚就是你一个人去办的。"我提醒他。

管事的是位中年女人,职业性地扫了我们一眼,检查证件、介绍信,之后就默默地填写。她的桌上散着一些糖果、花生,估计刚刚有人办了结婚手续。其实,离婚也该给人家

今天去离婚

送点什么,只是送什么合适呢?……我开始胡思乱想。"这么简单啊,我以为会很复杂。"他说着,似有一点窃喜。他以为人家会反复劝阻一番,哪儿有哇,中年女人头也不抬地说:"像你们这种和和气气的肯定是离;那种打打闹闹的或许还有余地。"我心里一怔:真有哲理!

那女人仿佛是最后一次问我们:"真的没有孩子?"

"申请书上不写清楚了么!"这种问法让人心烦。

她目光警觉、怀疑,显然她一半是不相信,一半是保险起见。

"以后出了问题我们可不负责。"

两个大人来离婚,把小孩窝藏起来了,这倒是有趣的想法。

从办事处出来,太阳升高而且趁我们不在外面时气温升高好几度,我很想买个西瓜。

夫妻俩卖瓜。男人的胸像一面墙似的结实,手里耍着亮闪闪的短刀;女人穿墨绿色运动衣,皮肤上是太阳的颜色和光泽。筐里放着几个西瓜,现在还不是西瓜熟透的季节。"一看就是大傻瓜。"从来喜欢惹是生非的他不高兴地说,持刀的男人就有点虎视眈眈的了。每逢这种情况我总是害怕,万一争执起来,吃亏的肯定是没刀的一方。"不熟给换。"卖瓜女子不知是冲着我的犹豫还是冲着他的阻拦,睁着美丽的眼睛,殷勤地说。他却正力图履行做丈夫的最后的责任,一脸严肃与不苟:"不买,走!不买!"

我的手指继续在瓜上煞有介事地弹着。持刀的男人接道:"谁挑的?不熟不要紧,是生瓜的话,谁挑的让谁吃了就完了。"我觉得他的话幽默顺耳,我本来就羡慕这种一心一意过日子的小商贩的生活。

他还是一脸生铁味儿。一切开,瓜果然生;女子手握刀柄,刀尖嗖地朝瓜一插,双手合住瓜,往筐里一扔,动作利落仿佛什么都没有过。我呆呆地看着。她的男人以同样利落的动作把另一个瓜放到了秤上。

我坚持买回的瓜就是这一个,待全部切开一看,瓜瓤像盐碱地似的红一块白一块,是注了药水的假熟瓜。

他开始上纲上线:"最后一次了,你为什么不让我高兴点?为什么要和我对立?在你眼里,连个卖瓜的骗子都比我好!"

火车"格登格登"地启动了。玲追着火车,不停地对阳挥手,并喊:"我等——你。"后来摔了一跤,玲又爬起来,追着火车跑。

玲在阳的眼里模糊成一个小黑点。

两年后,阳回来了。

可玲已成了另一个男人的女人。

玲说:"阳,好对不起你,我挣脱不了父母爱心编织成的那张网,我……"

阳看玲的眼里溢满哀怨。

玲的眼里湿了,忙低下头,泪珠顺着脸颊滚落下来。阳的心一抖,一股怜爱漫满心里,好想紧紧拥住她,可却深深叹口气,瘫坐在椅子上。

"我……如你还爱我,我可离婚!你若有意,晚上去我家,我的房门不上闩,给你留着。他在城里守店,晚上不回来。"

玲说着就走了。

阳立在门口,愣愣地望着玲远去。

太阳跌进鄱阳湖里去了。阳焦躁不安,坐也不是,站也不是,既盼天立马黑下来,又盼天永远不要黑。阳又抽烟,浓浓的烟整个裹住他。

天还是黑下来了。

阳踱出门,在玲的门前来回徘徊,踱过来踱过去,玲的灯已灭了。阳蹑手蹑脚走近玲的门,门真的没关严,留一条

缝。阳的心咚咚在跳,敲鼓一样,整个身子也没筋没骨样要瘫软在地上。但阳还是没推玲的门。

呆了几天,阳又去了广州。

玲这回没送阳。阳的眼前浮现出玲上回追火车奔跑的身影,摔倒的身影,耳畔也满是玲那"我等你"的声音。阳的眼便涩了,鼻子酸溜溜的。

两年后,阳又回了家。这回不是他一个人,还搀着一个女人。女人是外省的,跟阳一个厂里。

这回玲没来看阳。

阳的心里塞满惆怅。

几天后,玲竟死了。玲是上吊死的,死的样子好可怕,眼死死睁着。有人把玲的眼皮用手扒下,可一松手,眼皮又睁开了。

玲上吊几天后才被发现,是阳发现的。阳回来这么久,可没见玲的影子,心里好纳闷,就去了她家,见门是从里面闩上的,便推门,并喊玲。可门推不开。喊玲喊不应,阳的心一沉,难道玲出事了?便拨了门闩,门仍推不开,原来玲是用桌子抵着门。玲为啥把门关得这么死?

只有破门而入了。

阳把玲紧紧抱在怀里。

阳骂那女人"如不是你,她绝对不会死,是你害死了她!"那女人被骂愕了,后来明白了缘由,便不出声,任凭阳数落。阳又狠狠锤打自己,嚎哭着说:"都怪我!是我害死了

今天去离婚

我惊慌地发现,他居然流出眼泪!天哪,在整个离婚前前后后的过程中,他都没掉一滴眼泪,难道是为了西瓜?我真是不懂。

"你知道,我们一起生活了十年,我一直缺什么吗?"他凄厉地问。

"什么?"

"自由!"

我又是一惊,他可从未说起过这个。

"你从来就是这样!我以为今天不会。自由!你懂么……买瓜的自由,一切自由!"

爱 情 的 荒 凉

你的悲哀是古老的悲哀
面对爱情　虚伪的上帝
历来不会慈悲关怀
拯救人生全靠自我
该遗弃的遗弃　该忘却的忘却
让爱情的荒原
重新奔腾起火热的烈焰吧

幽谷拾光

你青春焕发的脸,你丰柔的肩和胸,还有你举世无双的轻柔的手,为什么都美得这样彻底?

哦,我听到你平静的呼吸声了,我相信我握住你的手,我相信我完全可以与你对话。

蛟龙出海

门

陈永林

阳和玲好得快成一个人了。可玲的父母要阳拿四千块钱的彩礼,阳穷,拿不出。

阳便登上去广州的火车。

玲泪水涔涔地望着阳,玲说:"挣够了礼钱就回来,我等你。"

阳的泪水也掉了下来。

你，你知道么，我心里好爱你！"

女人便劝阳："人已死了，你伤心也没用，还是自己的身体要紧，别伤了自己的身体。"阳却一直沉浸在痛苦的苦河中。玲的坟上已长出青草了，可阳仍木呆呆的，话极少，总自言自语说着玲的事，跟女人却没说一句话。

女人便流着泪离开了阳。

后来阳疯了。

疯了的阳每天晚上去玲的房间里。玲的房门关了，阳就砸开，因而玲的房门就一直开着。阳晚上睡在玲的房里，门也不关。阳说："如房门一关，玲就进不来了。"

生 死 相 依

为什么燃烧的爱情不能携手同行
那道德的栅栏　上帝的眼睛
森严地守着伊甸园的禁果
我们怎能错过这飘香的季节
让生命的花瓣片片坠成荒冢
即使上帝用雷霆愤怒鞭挞
也劈不断我对你生生死死的痴情

时间,已经凝固……可是黄昏祈祷的钟声,叩击你的灵魂,回声悠悠自近而远扩展成无限的空旷……

你是否听懂了这种声音?

熟　　亲

江　岸

也不知怎么的,娘一辈子都不待见叔。娘在我们黄泥湾,是远近闻名的贤惠人,除了骂叔,从不张嘴骂别人。娘见了叔,眼里根本没叔这个人,转过脸就恶狠狠骂,这狗日的!

我一点都不理解娘。叔多好啊,叔没有儿子,叔疼爱我胜过疼爱几个堂妹。叔还经常下到我家的田间地头,几乎包办了我家的责任田呢。娘难道都没看在眼里吗?娘总是骂叔,这狗日的!

熟 亲

相反,娘对婶却非常热乎,似乎有点巴结她。和健壮丰满的娘相比,婶像极了一只还没完全化为人形的猴精。娘怕这个瘦猴似的婶宛如老鼠怕猫。每每叔扁了婶,婶就冲到我家门口发疯似的骂,什么难听骂什么。娘不还击,却捧出一碗茶来,笑吟吟地说,他婶,喝碗茶,消消气。伸手不打笑脸人,婶没辙了,怏怏而去。

小时候,每当婶骂上门来,我都忍不住,想跳出去跟她吵。每回都被娘不要命地拽了回来,回来以后,我都要大哭一场。难道,孤儿寡母就该这样忍气吞声受侮辱吗?由此我十分怀念我爹。要是爹还在世,支撑着门户,该多好呀。

长大了,我才明白,当时,纵然爹健在,也是无能为力的。我听娘说过,爹差不多是个废人,前鸡胸后罗锅,从头到脚满打满算也就四尺高吧。龙生九子,形态各异,这话一点不假。奶奶只生了二子,就生出了武大郎和武松的翻版。爹一身是病,我出生不久,他就撒手人寰了。爹一生的使命,仿佛就是娶了娘生出我来。

后来,我又明白了一件事,才算弄清了困扰我许久的叔、婶和娘的恩恩怨怨。

原来,娘的娘家比我们黄泥湾还偏僻,在大别山最深最人迹罕至的地方,娘年轻时做梦都想嫁到山外。叔和师傅到山里做木活儿,到了那里,一住个把月。日子久了,和娘熟了,娘想和叔私奔,叔答应了。叔带着娘,一路奔向黄泥湾。路上,叔想自己还年轻,就多了个心眼,想到了无从婚配的残

把日子摆上地摊

疾哥。叔说,我已经成家了,只是有个哥哥,多少带点残疾,你愿意跟他吗?当时,娘的心肯定凉了半截,待她被叔送进爹的卧室时,就全凉了,等她后来得知叔并未婚配,简直就整个儿置身冰窖了。那会儿,娘已成了爹的人,想覆水回收都来不及了。娘这一盆水,就这么泼在爹那方被烈日炙烤得冒出缕缕青烟的沙滩上,"呲"的一声就融进了爹的生活。

这些事情,是叔亲口告诉我的。我在市里工作,婶死了,我回去吊孝。料理完了丧事,我们叔侄俩抵足而眠,叔把该讲不该讲的话都对我讲了,讲了半宿。叔说,我和你娘都孤了,想往一起凑合呢。我说,可能不行吧,我娘一直恨您呢。叔就笑了。笑过了,叔就说了当年他骗娘的事情。叔说,你娘不是真恨我。

我一时也拿不定主意。按说,两位老人都老了,合成一

熟亲

家，彼此也好有个照应，况且，叔嫂熟亲，在我们豫南是有悠久的历史的，乡里乡亲都能接受。再说，娘也60岁往上数的人了，只有我这么一个儿子，没有身为市长千金的媳妇（惭愧，我是一个俗人，免不了错攀高枝）批准，纵然借给我一千个胆，我也不敢把老娘往家接呀。真要接回去，那雌老虎还不得将我撕成碎片。就这么翻来覆去地想，叔已酣声如雷了，我却彻夜不眠。

一大早，我从叔家出来，去找娘。娘坐在窗前梳头。我接过娘的梳子，帮娘梳。娘往昔油黑发亮、浓密如瀑的满头青丝如今犹染霜华，尚不盈握。我的眼泪出来了。

我喊了一声娘，说：叔要和你搬到一起呢。

娘一拍桌子，猛一下站起来，哼了一声，骂道：你少提那狗日的。娘分明觉得自个儿有些失态，又缓缓坐下来，低声说：娘这一辈子，就毁在这个龟孙手上。想叫我侍候他，做梦去吧。

你不也需要人照顾吗？我说。

我就是烂成骨头碴儿，也不让他看一眼。娘绝情地说。

住了几天，我得回市里上班了。我给娘留下点钱，依依不舍地走了。

过不多久，老家打来电话，说娘半身不遂了。我风风火火赶回家，将娘送到医院，却已经错过了治疗的时机，只能抬回家细心养护了。

叔说：你放心去上班吧，你娘交给我了。

我摸出一沓钱,递给叔,说:那就辛苦您了。

没想到,叔竟一个耳光甩过来,扇得我半边脸都麻了。要知道,从小到大,叔没舍得动我一指头。我蒙了。叔还不依不饶,骂开了:你个没用的东西,连个婆娘都收拾不了,不说是市长的女儿吗,我就不信她是吃屎长大的!

我抱着头,蹲在地上,羞愧得无地自容。

良久,我听见叔低了声说:你走前,我想和你娘把事儿办了,以后倒屎接尿的,不也名正言顺了吗?

我的眼泪夺眶而出。我真想跪在叔面前,扑进叔的怀抱,喊叔一声爹。

心中的玫瑰

你需要我仅带着一包火柴就到达你吗
你需要我重新将一个虚弱的措词扶立吗
你蛊惑着我 渲染着我 煎熬着我
玫瑰啊 你来了 可一切为时已晚
现在 我只能是一个纯粹的哑巴
无法在你面前
开口说话!

衣袂飘飘,秀发纷飞

你的脸光芒闪烁。好像刚探出地平线的太阳一样。只要探出了头,一堵古老的墙就无法把你阻挡。

你脚下的河流仍在向远方流。向远方流,泅渡凄清,绽放希望。

苦 水 玫 瑰

一枝苦水玫瑰,灼灼的,直逼你的眸子,在耐旱的黄土地上,顽强地生活着,抵御着贫瘠和寂寥。那浓浓的馨香,透射出生命的纯朴,梦里也拒绝不掉!

苦 水 玫 瑰

赵文辉

吹雪大学毕业后,作为青年志愿者去了大西北一个叫苦水的小镇,支教。

一听这个名字,便可以想像那里的生活。苦水虽贫,却是一个充满诗意的地方。它盛产玫瑰,一到花季,空气中便飘溢着浓郁的花香味,从早到晚,梦里也拒绝不掉。由于当地特殊的地理环境和红黏土质,苦水玫瑰香型独特、纯正,含油量特别高。当地提炼玫瑰油的高手,也就数扬花了。

  扬花是民办教师,和吹雪教碰头班。吹雪亲眼见过她用土法提炼玫瑰油,竟是用木笼蒸炼而出,要三蒸三晒。玫瑰油能当香水,扬花送一瓶给吹雪,吹雪用后,便把随身带的香水全扔了,说是假货。吹雪缠着扬花教她蒸炼,说"授人以鱼,不如授人以渔"。扬花笑着答应了。

  其实扬花的日子很难,丈夫几年前出意外瘫了,还有一个女儿和婆婆。上完课,就得忙家务,收种庄稼也是她的事。吹雪在苦水待了两年,没见扬花添过一件衣裳。吹雪就把自己几身衣裳给扬花,扬花不收。吹雪说:"都是旧衣裳,我真穿不着了。"扬花才收下,笑着说:"我成讨饭的了。"吹雪说:"你家改善生活,回回叫我,我才是讨饭的呢。"

苦水玫瑰

扬花家里欠着债,一分钱总想掰成两半花。可她也有不心疼钱的时候。一回,一个叫魏娟的学生因交不起学费,家长让她退学。扬花去做了几回工作,眼见魏娟的家长借也借不来学费。魏娟又泪水涟涟,扑通一下跪在扬花眼前:"老师,俺知道您的好心啦……"扬花转过脸,泪水也下来了。回去后就找校长,给学校打了个欠条,让魏娟又回到了学校。那张欠条,冲了她半个月工资。

两年很快过去,这批志愿者要返回了。离开苦水的那天,吹雪跑到供销社买了一箱"苦水大曲",送给扬花丈夫。扬花送了吹雪两瓶纯度很高的玫瑰油,说带给你那一位吧,玫瑰象征爱情。说爱情二字的时候,吹雪发现扬花的眼睛里有什么东西一闪,她猛然想起扬花其实比自己大不了几岁,可生活的担子,早把她压出了一副老相。

吹雪回到内地。一下火车,那个等了她两年的恋人正张着双臂冲她微笑,她燕子一样扑了过去。恋人端详她的脸,问:"是不是成天啃咸菜萝卜,舍不得吃舍不得喝?"接着又责怪她:"结婚费用我已经准备好了,还用你操心?"恋人的话使吹雪摸不着头脑,她问:"怎么回事呀?"恋人告诉她:"苦水那边打来一个电话,说你的一万元钱几天内就汇过来了,我猜肯定是你省吃俭用攒下的。"吹雪更是纳闷。

几天后,果真一张汇款单从苦水飞来,还有扬花的一封信。扬花在信里写道:谢谢你送给我们的"苦水大曲",真幸运,第一瓶就喝出了大奖,真是好心有好报。我去兑奖后,

按你留下的你恋人的地址汇了过去，注意查收。扬花还写道：吹雪，来年花开时，我再给你蒸两瓶玫瑰油，我知道你喜欢。

吹雪手捧书信，望着苦水的方向，分明闻到了千里之外的玫瑰花香，喃喃道：扬花，你就是一枝苦水玫瑰啊……

玫 瑰 红

那高贵的光线原本来自于生活的最底层
贴近凉凉的暗流旁
滋生　突围　爆出一地冷艳
这些温暖而纯正的火焰
怒放在多少虚浮的梦里
惊扰并悄悄改变着一个人的心情

相逢是首歌

爱情是什么?是两极相吸?是甜蜜话语?是芬芳玫瑰?抑或是感官刺激、物质享受甚或上面的总和?其实,爱情就是在相互承诺中互相厮守,互相惦念,互相抚慰对方的伤口……

相逢是首歌

川 妮

苏建走到靠窗的地方坐下,透过窗户看天,天色有些朦胧了,晚霞燃烧得精疲力竭地退隐到逐渐深浓的夜色中。他收回目光,闪烁不定的灯光下晃动着许多人,乐队的几个人专心致志地演奏着。那个男歌手穿着最时髦的绿T恤,白长裤,忧郁地演唱着:"深深的海洋你为何不平静,不平静就像我爱人,那颗动摇的心……"

苏建闭着眼睛,他的脑子里飘浮着一座小岛,海无边无际。他的眼睛发潮。

"小姐,请你跳个舞,行吗?"苏建睁开眼,一个留着胡子的男人很优雅地弯着腰,苏建这才发现他的旁边坐着一个穿白裙子的女人,她缓缓地站起来,随那个男人滑入舞池,她优雅地随他旋转,白色的长裙飘逸着,很美。

一曲终了,那个男人把她送回座位,轻轻地说了声"谢谢"。她坐在那儿,掏出手绢擦汗,这才发现坐在旁边的男孩没跳。她偷偷地打量他,他的皮肤很黑,他的眼睛里有一种东西远离着这些喧闹的人。

苏建感觉到那个女人在看他,他没有动,依然看着窗外,天已经全黑了。

"班长,回去好好玩吧,回来给我们讲点新鲜事。"战友们的目光追逐着他,小艇开了好远,他们还站在岛上。

衣袂飘飘，秀发纷飞 YIMEIPIAOPIAO, XIOUFAFENFEI  相逢是首歌

苏建老觉得眼前有一个小岛，海无边无际。

开始放快节奏的音乐，许多人在舞池里扭动着，那些穿超短裙的姑娘们更是热情洋溢地扭着。

那个女人坐在苏建身旁没动，苏建听见她叹了口气。苏建把目光收回来，打量着身边的女人，她没有化妆，她已经不十分年轻了。她的眼中有一种非常寂寞的神态。

他们同时看着对方。

"你怎么不跳？"女人说。

"我不会。"苏建笑了笑。

"你是当兵的？"女人脸上的表情很复杂。

"是的。在海岛。你怎么知道？"苏建心里有些发酸，他和他的战友们在那个岛上待了三年了。他们认识岛上的每一块石头，每一棵草。他们经常站在岛上，看四周汹涌的海水，盼望那只小艇。那只小艇每周才来一次，送给养，送信。那个日子，就是岛上的节日。那种孤独，只有经历过，才真正懂得。

"在岛上，很苦吧？"那个女人读着苏建脸上的表情。

"是啊，好想家。"苏建想起自己做过好多梦，都是梦见许多人住在岛上，小岛变成了一座城市。

"很想跳吗？我可以教你，很好学的。"女人询问地看着苏建。

"不，只想坐在这儿，看看。"苏建侧身看着女人的脸，"你刚才跳得真好看，那叫什么舞？"

"三步舞,又叫华尔兹。"

"真美。"

"你们岛上,有几个人?"

"四个,我是班长。"

"都干些什么?"

"完成任务,想家,等那只送信的小艇。"苏建的脑子里是无边无际的大海。

女人好半天没说话,苏建抬头看见女人的眼里涌满泪水。

"你怎么啦?"

"想哭。"

"我不明白你为什么要哭,音乐多美啊。"

"你没结婚吧?"

"没有。谈过对象,吹了,谁肯跟我呢。再说,我真不愿意让一个女孩跟着我受苦。"

泪顺着女人的腮边滚落下来。

"真的,我们在岛上很苦,但我们希望别人很幸福。看见这么多人能够快乐地跳舞,我觉得在岛上的日子没有白过。"

"谢谢你!"女人站起来,离开了舞厅。

苏建跟着女人走到外面,外面的空气很清新。

"对不起,我干吗给你说这些。你应该高高兴兴地跳舞。我明天就要回海岛了,今晚就想看看人们在干什么,回

去好告诉战友们。你一定觉得我很傻吧?"

"不,我才傻。"女人望着苏建的眼睛。苏建迷惑地站在女人面前。

"我回去就撕了那份离婚申请。我要到西藏去。我的丈夫在西藏的哨卡,已经六年了。"女人的眼睛闪烁着一种欣喜的光芒,她伸出手,握着苏建的手:"谢谢你,这是一个美好的夜晚。"

女人转身走了,苏建站在路灯下,看着女人的背影消失在路的尽头。

的确是一个美好的夜晚,苏建站在路灯下,脑子里一片蔚蓝。

思　　念

思念　把我的梦搅醒
窗外茫茫的星空
便是我的心境
今夜　眺望北斗的眼睛
惟愿我的不安　同阴暗一起消散
恳求我的期待　与晨曦一道降临

幽谷拾光

水做的女人,永远是男人眼中亮丽的风景。但相爱不一定能长相守,长相守的不一定能长相爱。惟有一句话说得好——爱是给予。

蛟龙出海

女　　人

刘亚红

女人四十岁那年丈夫因患肝癌而撒手尘寰,留下一笔沉重的债务和三个未成年的孩子,大的十七,老二十三,最小的十岁。

两千元的债务在现在看来并不算多,可在那时候像山一样压得女人喘不过气来。债务是丈夫治病住院期间欠下的,钱没能挽回丈夫的命,丈夫仍绝情地走了。

女人虽已四十,并不见老,据说年轻时曾是远近闻名的

衣袂飘飘，秀发纷飞 YIMEIPIAOPIAO, XIOUFAFENFEI

女　　人

美人。有人张罗着要给她当红娘，女人固执地拒绝了，理由是丈夫刚走不想谈这事，又说谁愿意娶她这个一身债务加一群孩子的女人呀。

　　那以后女人摆了一个烟摊聊以度日，还帮人洗衣裳，抽空还帮人糊纸盒。女人睡眠时间明显不足，大部分时间她都在努力地工作着。整整五年，女人终于还清了所有的债务，女人看起来已不像是四十五岁，倒像是五十五岁般苍老。好在女人并不在乎，女儿们相继长大，大女儿在一家不错的单位上班，省掉女人不少的心事。

　　仍有人要给女人介绍对象，女人还是摇摇头拒绝了。她说等小女儿长大一些再考虑这事儿。热心人心有不甘，劝女人说你怎么也不为自己想想，再过几年女儿们各自成家，还有谁来照顾你，还是趁现在不老找个伴儿吧！女人仍笑说过几年吧，再过几年吧！

　　就这样等到最小的女儿都已结婚生子时，女人仍孑然一身，这时的女人已六十岁了。又有人要给她介绍老伴儿，女人听了连连摇头，说不行不行，年纪这么大了再结婚怕惹人笑话。那人说没事儿，那孤老头也已六十五岁，跟她正般配，再说还不就是找个伴儿嘛，谁会笑你？女人又笑了，说反正都六十岁了，也差不多要进土的人了，还找什么老伴儿呀，这么些年我一个人还不是过来了？真是，唉！那人终于摇摇头走了。

　　几年之后，女人更显苍老，身体状况一年不如一年，女儿

们提出要她搬去同住,女人死活不肯;女儿们说要回来陪她,女人还是不同意。

等女儿们走后,女人走进里屋,吃力地从床下拖出一个箱子,翻出一件绣着蝴蝶的大红色旗袍。女人对着旗袍发了一会儿呆,慢慢地把旗袍穿在了身上,已近风烛残年的女人已不比往日玲珑凸现的身段,旗袍穿在身上有些空空荡荡。

女人悄无声息地去了。下葬那天,大女儿家里来了一位满面风霜的老者,他说想要回女人的骨灰。女儿们不同意。老者万般无奈之下,说出了一段故事:

原来,老者便是女人的第一任丈夫,文革中被打成"反革命",下放到偏僻的农村,跟女人逐渐失去了联系。造反派们告诉女人他已死了,女人痛不欲生跳了河,却被她的第二任丈夫救起,后来便顺理成章地嫁给了老实憨厚的他,那时的女人已有三个月的身孕。第二任丈夫温柔体贴,对前任丈夫的小孩视如己出。

文革过去几年后,他辗转找到了女人,这时的女人已安于天命,她坚决告诉他她不能离开这个疼爱她的丈夫。又过几年,他经人介绍结了婚,结婚那天听人说女人的丈夫得了绝症与世长辞,于是他又找到女人。女人仍然不从,女人说等吧,说不定哪一天我们还能走在一起,但现在不行,现在你有老婆,我不能破坏你的家庭幸福。女人就这样等啊等啊,从四十岁等到六十岁,她拒绝了好心人的热心撮合,直到那一天她感觉到自己已走到生命的尽头时,才写了封信给他。

衣袂飘飘,秀发纷飞 YIMEIPIAOPIAO, XIOUFAFENFEI  女　　人

而当他赶来时,她已经永远地合上了眼睛,穿着结婚时他送她的大红旗袍。

女儿们的眼睛湿润了,顿悟母亲始终不找老伴儿的原因。老人最终带走了女人的骨灰。

相爱不一定能长相守,长相守的不一定能长相爱。有一句话说得好——爱是给予。

因为爱,所以我掉下眼泪

因为爱,所以我掉下眼泪
所以我接近黑暗
不想触摸高处的灯盏

因为爱,所以我掉下眼泪
所以我不再做依枝而上的藤蔓
只愿成为一枝野蒿
孤独地挺立在自己的世界里

是嫂子支撑起了这个贫弱的家的天空,她用一颗心点亮了我们的前途。在那段苦不堪言的岁月里,她默默地劳作着,硬是把这个家整莳得异常红火,硬是叫我们的生命紧紧地融合在一起……

妈　　嫂

黄自林

嫂子是村里娇小俊秀的妹子。我们弟妹几个和积劳成疾的爸妈是一张沉重的铁犁,只哥哥一个人拖着。嫂子却看上了我哥,要嫁到我们这个穷家来。村里人劝嫂子,说嫂子肯定会被拖累死的。

嫂子出嫁那天,她的哭嫁歌唱得又多又好,亲戚大多都被嫂子唱哭了。那时候二角钱一碗米粉,嫂子竟然挣了三十

四元三角哭嫁利市钱。村里的哭嫁女没谁能挣到嫂子的一半。

嫂子嫁来的第三天就是九月开学。两个姐姐读初中，二哥三哥读小学。家里没钱也没值钱的东西，嫂子一分不留地拿出她的哭嫁钱，又拿出陪嫁的几匹的确良蓝布，为我们几个人缝制了一套新衣裳。还差些钱不够，哥和嫂子就去担柴卖，我们几个也去，大大小小七个人排成一长溜儿。好多人替嫂子流泪，她是才过门三天的媳妇呀！妈妈哭哩，把嫂子搂在怀里，千言万语一句话："我的宝宝哟。"

把日子摆上地摊

家乡湄河是一条养人的河。嫂子让我哥在河里捕鱼,她去圩上卖。清早晨雾未散,嫂子就在河边望我哥的竹排,夜里又挑一盏渔灯坐在排尾为我哥壮胆。每当捕到一只值钱的鳖或一条河鳗,一家人都要高兴许久。嫂子出奇的倔强,明日分娩,今天还挑一担红薯苗上岭种红薯。嫂子虽苦虽累却没病,祖宗保佑我嫂子不会倒下。

没几年,多病的妈妈就去世了。村里有个习俗,在妈妈灵前焚一根竹筷,竹筷倒向谁,妈就最疼谁。我们一齐围着竹筷跪,结果竹筷旋了一圈儿后,倒向了嫂子。妈妈心里有杆秤,嫂子在妈妈心里的分量比谁都重。嫂子哭着向妈妈磕了无数个响头,那是一份沉甸甸的承诺。

冬去春来一晃十年,姐姐和哥哥得益于嫂子也得益于苦难,上了中专、大学。嫂子的青春年华也为我们耗尽了。嫂子老了,我们长大了。

我们不知怎样称呼我们的嫂子。村里所有的嫂子没人及我嫂子的零头。嫂子像妈像姐,嫂子的生命和我们的生命融合在一起,永远不可能分开。

姐姐从卫校毕业出来工作的那年,有一天,姐姐回来,一进家门见嫂子的身影,就喊"妈——"嫂子回头看,姐姐才看清是嫂子。姐又喊:"嫂——"在这一瞬间,积聚在姐心头多年的情感如决堤的洪水倾泻而出,姐姐紧紧地搂住嫂子叫:"妈嫂——"姐姐一连叫了几声"妈嫂"。姐姐说:"妈嫂我毕业了,我工作了,就有钱了,您的苦日子也会到头

妈　　嫂

了。"嫂子笑着哭了，说："我知道的。"

现在我们一家是村里最幸福的一家。我们像敬重我们的父母一样敬重我们的嫂子。作为回报，我们会使才三十多岁的嫂子不再受苦，我们保证。

村里人现在才说嫂子有眼力。嫂子说："那时，尽管很饿，但他们是村里惟一不偷人家东西吃的一家人，他们的骨气贵哩！"

嫂　　子

嫂子，你耗尽了多少生命的春天？
你照亮了谁的悲哀和激情？
嫂子，从你的脸上，从你闪着银光的眸子里，
我看到了比火更猛烈的力量。
在你多皱纹的额头上，
从此有了水波潋滟的传说。

这世间最激越而又最柔缓,最伟大而又最朴实的,莫过于至纯至真的母爱了。那涓涓流淌的爱之流,滋养了多么干涸的心灵,丰润了多少寂寥的日子……

母亲改嫁之后

李昌顺

拧子7岁时死了父亲,9岁时母亲遇到一个各方面都挺不错的男人,就决意嫁给他,提的条件是必须带着亲生儿子拧子。男方欣然答应。可母亲给拧子一说,拧子摇着头、红着脸,就是不同意。母亲没辙,就让拧子的姥姥劝说拧子。姥姥刚一开口,拧子就来了个顶门神:"姥姥你别说了!俺娘嫁人我丢人!我要是跟去更丢人!"姥姥想,拧子一定是听别人说了什么小话,中了旧思想的毒,怕是一时半会儿说不通他。

衣袂飘飘,秀发纷飞 YIMEIPIAOPIAO, XIOUFAFENFEI  母亲改嫁之后

可女儿才三十多岁,不能因为这误了女儿的大事,就对拧子说:"你娘走了你就跟我去过吧。""不!""那你咋过?""跟俺叔婶过。"姥姥想:拧子的叔婶人也挺好的。过些日子再劝导他兴许能回头,就说:"也好,暂时就跟叔婶过吧。"母亲跟姥姥背地里给拧子的叔婶说了些好话,做了些交待,母亲就改嫁了。

开始母亲常回来给拧子送新衣服和好吃的东西,可拧子不但不穿不吃,并且一见到母亲回来就躲起来。一次,婶子分给每个孩子两个苹果。当拧子得知苹果是前两天母亲送来的,随即就将没吃的一个和没吃完的半个狠狠地扔进了猪圈,已经吃到嘴里的也一口吐出老远。

逢假日姥姥就把拧子叫到家中住几天。当拧子碰上母亲也来姥姥家时,他拔腿就跑。拧子升上初中的那年冬天,姥姥派人几次往学校给送零花钱和好吃的东西,拧子猜想一定是

母亲的花招,就硬是给推了。

叔婶家境虽不富裕,可供拧子上学却不惜一切代价:学费、书费、生活费从不误事。拧子像登楼梯般一步一台阶地考入了大学本科。

拧子上"大三"时暑假回家探亲。叔叔说:"听说你母亲得了疑难病住了医院,你得去看看。"拧子想:叔叔往常没少催我去看母亲,说她有病,准是在哄骗人!就说:"去啥,有病就治,我去了也白搭。"

"大四"学期末,拧子接到一份电报,电报说:母病故速归。拧子一番沉思,决定不回家,认为这是叔叔又在哄人。母亲有病想念亲人这很可能,才四十多岁,绝不会轻易病殁,何况毕业前统考、写论文,时间太紧张了。

拧子毕业后,被分配到省电视台文艺部当编辑。他编辑的节目中有不少年轻寡妇改嫁和中老年人再婚的内容,拧子对母亲改嫁开始默默地谅解,对自己小时候听闲话造成的虚荣行为开始忏悔。这天,拧子备厚礼回家探望供自己念书十多年的叔婶。

拧子进门没等寒暄,叔叔就对他训开了:"去电报时你母亲已病危,可你为什么不回来?我说过你一定会后悔的!现在到了把真底儿全抖给你的时候了。这些年来,你上小学、中学和大学的一切费用全都是你母亲供给的,我只是个被秘密托付执行的人。怕你那顽拧劲推辞不受,误了你的才气。还有,你母亲知道自己得的是癌症,没舍得多花钱,硬是挤出了五

千元以备你成家用。我说这些你若不信就去问你姥姥!"

拧子这时早已泪流满面,给叔婶磕了三个响头,又直奔姥姥家。拧子见了姥姥扑通跪倒,将叔叔的话全讲给姥姥。姥姥扶起拧子说:"这都是你母亲改嫁前跟我一块儿向你叔婶约定的。你母亲本不打算改嫁的,可你族上的一位坏大伯背地里老欺负你母亲……唉!这事当时咋能给你这孩伢子说呢?"拧子扑到姥姥怀里哭着说:"不,母亲应该改嫁啊!都怨我从小……"此时,继父十几岁的儿子也在姥姥家,凑过来拉住拧子的胳膊呜咽着说:"拧子哥哥,咱娘生病时见不到你光掉泪,快咽气了还叫你的大名……"拧子抱住弟弟哭成一团。接着,拧子淌着泪向娘的坟地跑去……

怀 念 母 亲

一只柔软的手牢牢捉住我的一生
逼我吐出所有的感激和热泪
从风干的伤口中提出满腹辛酸
在一腔热血中重新洗净怨怼的眼神
靠近你明澈的岸边
饮进你所有的波痕

把日子摆上地摊

幽谷拾光

既来世上走上一遭,就须走得干干净净。安分自爱,为人忠厚,不贪图钱财,不捞取功名。花一样洁身而来,花一样洁身而逝……

蛟龙出海

花　　婆

原　非

花婆一生嫁过三个男人,一个教书先生,一个泥水匠,一个长工。三个男人婚后都不过两年,不是病亡就是祸残。三次寡遇,无需别人多讲,她就知道自己命不好。有了这般认识,她就断绝了一切温柔富贵的奢望,干脆拉根打狗棍,老老实实做起叫花子来。

不想这一讨饭,竟在洛河讨出了名堂。

花婆讨饭不做穷相,依旧像过去一样拍爽端正。夏天灰

衣袂飘飘,秀发纷飞 YIMEIPIAOPIAO, XIOUFAFENFEI

花　　婆

布单衣,冬天黑布棉衣,脚腕那儿长年扎着一副绑腿带,头发一丝不乱地网在发兜里。竹篮碗筷也干干净净,还用一方白布掖紧四角遮了。也许由开始的不习惯而逐渐发展成了一种习惯,她不会喊叫,只朝敞开的大门前一站,静候着主人出来。如碰上狗咬,她也仅抡着棍子在地上划拉着抵挡。主人发现她,舍一块饼或一碗稀饭。她伸了篮子或碗接过,点头一谢,躲到无人处,蹲下埋头吃了,然后来到正在车水的井台上洗碗。如果吃饱了,就在井台上略坐一坐,随后无选择地随便走进谁家田里,帮着做些应时的活儿;如果觉得不足,便拿了新洗的碗筷,再去村里讨要。

　　花婆总是这么一副姿态,安分自爱。日子一长,人们的意

识里就淡漠了她作为叫花子的形象,只把她当作闲人对待。洛河川多水田,人们四季都忙,亲朋间有什么要紧的口信儿,一时腾不出手来,这便想到了花婆,这就托她十里八里的去传递。无例外地,隔个一天两天,对方就有了准确的回应。进而,人们又大胆地让她捎些小东小西,这也毫无差错。再后来,商人们为逃匪劫,竟把携带银钱的事也委托给她。这样下来,花婆终日负载累累的,追着洛河上的帆影或伏牛山上的流云,西来复又东去。

一天清早,花婆为一商贩转送款子,在伏牛山脚下被两个土匪劫了。她尾随着歹徒来到大山深处,走进一座寺院,见着了土匪头子张秀。张秀外号旱螃蟹,水陆两路都有他设的卡子。

花婆向张秀讨款子。张秀从大烟炕上爬起来,双脚点在鞋口里,盯着花婆说:"你上我这儿讨钱,你可知道我是干什么的?"

花婆说:"你是土匪头子,洛河川没有人不知道,可你立过规矩,不抢邮差不抢贫。我是讨饭的。"

张秀拨弄着手下交上来的一百块银元:"你是叫花子,哪来这么多钱?还是硬货?"

花婆说:"我替人家送的。"

张秀说:"那就不是你的。"

花婆说:"可在我身上带着呢。"

张秀一挥手:"别跟我飐嗦了,走吧。"

衣袂飘飘，秀发纷飞 YIMEIPIAOPIAO, XIOUFAFENFEI  花　　婆

"你叫我走就得把钱还我。"花婆迈着小脚上去撮银元，"要不我就没脸见人了。"

张秀一拍桌子上的手枪："你既然是叫花子，还什么脸不脸的，打出去!"

几条大汉一拥而上，架起花婆，凌空丢出山门。花婆挣扎着站起，一句话不说径直朝山崖走去。可惜她力气不足，一跃没有跳到沟底，而是落在不深的一个石牙上，只撞破了头。

土匪把花婆弄上来，撕了她的衣襟替她包扎。张秀看着山门前摔碎的破碗片，抠了一会儿鼻孔说：

"看不出，这婆子还这么重义！把那钱扔给她吧。"

自此花婆出了名，钦差一般在洛河川通行无阻。但她依然固守着一贯的叫花子形貌，到哪儿只讨一口饭吃。

可是，花婆最后还是被人杀害了。她死在一个十字路口，透胸流下一摊血来，棍子碗筷还在身边，只是没了竹篮。人们报了官，县警察局却没来人。

花婆葬后个把月，有怀念者到坟上烧香，意外地发现坟前趴着一个男子。那男子身下一片淤血，子弹是从两只眼睛射进的，而他僵硬的手下就压着两把手枪。竹篮也回到花婆坟上，里边放着白花花二百块银元。

张秀一伙也来人看了那男子，说不是他们的人。人们于是猜测，那男子一定是外来的匪徒，还不知道花婆的善誉，及知道了便深感羞愧，这就送还了劫物，自戕以谢罪。不然，他不会灭了自己的眼睛。

149

地方上贴出告示,要那银元的失主前来认领。过了很长时间也不见失主到来。人们这就商议,想用那笔钱为花婆修座庙。庙名都拟好了,就叫义丐庙。这时,县警察局来人了,说要破案,就把那二百块银元作为物证收了去。

案子终究没破。流传在人们口头上的,仍旧是那种猜测。

花朵亮着

花朵亮着
在一个充满激情却没有归宿的女人身边
花朵亮着　我看见她用花做热烈的身体
渴望打开夜　渴望一场雨
种下雷声和闪电的种子
花朵亮着　我猜度　在夜的末端
一场如期而至的光芒　会不会燃烧我蜷缩的影子

衣袂飘飘,秀发纷飞 YIMEIPIAOPIAO,XIOUFAFENFEI  如果你是牵牛花

只要爱着,死亡也会成为一种美丽。

以生命的激情让爱定格住那片绚丽的灿烂,用音乐,用心声,用积攒在内心的溪流去浇灌爱情的花园,去呵护永恒的梦地。

如果你是牵牛花

裘山山

她和他是青梅竹马。到了该恋爱的年龄就相爱了。可是,他有一位年轻守寡、苦命而又守旧的母亲,仅仅因为儿子与姑娘同姓,就坚决不允这门婚事。

他既孝顺又软弱,依了母亲。而她,也是非常柔顺地承受了这个打击,没作任何反抗。

后来,他结了婚。

婚礼上,她悄悄送去一对枕头,枕头上绣着一对牵牛花。相爱时他曾写诗说:如果你是牵牛花,我就是一棵树。

然后,她就悄悄地离去了。

但他们仍住在同一个城市,仍生活在同一片云彩下。

他入了党,评了职称,分到了新房……每每听到这些消息,她都为他高兴,觉得挺满足。

她自己呢?依然是单身一人。28岁了,车间里的姑娘都说她有点儿怪,有点儿冷。他听到这些传闻,心里很难受,却不知该怎么办。

就这样,四年过去了。他们只在街头偶然相遇过一次。她非常平静,极为普通地向他笑了一下,走过之后,甚至没有再回过头去看他一眼。

他却怔怔地,一直目送着她的身影消失。

但突然有一天,她接到一封电报。说他出差在外,不幸遇车祸。

她不顾一切地赶往出事地点。在县医院里,她见到了不省人事的他。

医生们把她当成他的配偶,因为昏迷前他仅仅说出她的地址和姓名。他们要她坚强,要她作好最后的思想准备。

可她无法坚强,支撑了几年的信念在这一刻骤然断裂。她扑上去,浑身颤抖,声泪俱下。

不知是泪水还是呼唤,使他突然苏醒过来。看见她时,那双无神的眼睛闪出光亮。他的嘴开始翕动,但听不见声

音。她俯下头去,把耳朵贴近,仍然听不到。

然而她感觉到了,他是在向她嘱托什么。于是她满脸泪水地向他点头,使劲地点头。

他的头一歪,安详地闭上了眼睛。

当她走下火车,重新回到他们从小在一起生活的城市时,她的心里只剩下绝望。这个城市不再有他的身影、她的寄托了。她想去死,想随他而去,永不分离。

但是,她想到他的临终嘱托。究竟是什么呢?她不能辜负死者。

她不知不觉地来到了他的家。

还没推开门,她就突然明白了——院子里晾满了尿片和小衣服,屋里传出婴儿的哭声。

是儿子!他放心不下嘱托给她的,是他那刚刚出世不久的儿子!还有那刚刚做了母亲的妻……

她明白了,全明白了,忽然之间觉得自己无比刚强。在一个刚做母亲就失去了丈夫的人面前,在一个刚做儿子就失去了父亲的人面前,她不再是娇弱的牵牛花,而变成一棵树。她有的是力量和情感,她要拥抱他们。

推开门,不幸的女人疑惑地望着她。你是谁?朋友?同事?亲戚?

不。她笑着摇头。她在心里大声说:如果你是牵牛花,我就是一棵树。

从此,她承担起了照顾他们娘俩的责任。她们像亲姐妹

一样生活在一起。
　　直到她结婚。
　　直到她再嫁。

爱情的花蕊

它令我驻步　令我陶醉
那么密集的花蕊
它的颜色使我坚信
这世界不会再有别的绚丽

衣袂飘飘,秀发纷飞 YIMEIPIAOPIAO, XIOUFAFENFEI  妻子的心

母爱是不需要虚构的,我们都能深深地感悟和理解。所以留下17封信的愿望是可信的,其真情、梦想、爱心可信,至于到底有没有这17封信呢?只要你信了就有了。

妻子的心

壶 公

我的妻子爱珍是在冬天去世的,她患有白血病,只在医院里捱过了短短的3个星期。

我送她回家过了最后一个元旦。她收拾屋子,整理衣物,指给我看放国库券、粮票和身份证的地方,还带走了自己所有的像片。后来,她把手袋拿在手里,要和女儿分手了,一岁半的雯雯吃惊地抬起头望着母亲问:

"妈妈,你要去哪儿?"

"我的心肝儿!我的宝贝儿!"爱珍跪在地上,把女儿拢住,"再跟妈亲亲,妈要出国。"

她们母女俩脸贴着脸,爱珍的脸颊上流下两行泪水。

一坐进出租车,妻子便号啕大哭起来,身子在车座上匍匐、滑动,我一面吩咐司机开车,一面紧紧地把她扶在怀里,嘴里喊着她的名字,待她从绝望中清醒过来。但我心里明白,实际上没有任何女人能够做得比她更坚强。

妻子辞别人世后二十多天,从海外寄来了她的第一封家书,信封上贴着邮票,不加邮戳,只在背面注有日期。我按照这个日期把信拆开,念给我们的雯雯听:心爱的宝贝儿,我的小雯雯:

你想妈妈吗?

妻子的心

妈妈也想雯雯,每天都想,妈妈是在国外给雯雯写信,还要过好长时间才能回家。我不在的时候,雯雯听爸爸的话了吗?听阿姨的话了吗?

最后一句是:"妈妈抱雯雯。"

这些信整整齐齐地包在一方香水手帕里,共有17封,每隔几个星期我们就可以收到其中的一封。信里爱珍交代我们准备换季的衣服,换煤气的地点和领粮食的日期,以及如何根据孩子的发育补充营养等等。读着它们,我的眼眶总是一阵阵发潮,想到爱珍躺在病床上,睁着一双大眼睛出神的情景。当孩子想妈妈想得厉害时,爱珍温柔的话语和口吻往往能使雯雯安安静静地坐上半个小时。渐渐地,我和孩子一样产生了幻觉,感觉到妻子果真远在日本,并且习惯了等候她的来信。

雯雯也有一双像妈妈似的大眼睛,两排洁白如玉的细齿。

第九封信里,爱珍劝我考虑为雯雯找一个新妈妈,一个能够代替她的人。

"你再结一次婚,我也还是你的妻子。"她写道。

一年之后,有人介绍我认识了现在的妻子雅丽。她离过婚,气质和相貌上与爱珍有相似之处。不同的是,她从未生育,而且对孩子毫无经验。我喜欢她的天真和活泼,惟有这种性格能够冲淡一直蒙在我心头的阴影。我和她谈了雯雯的情况,还有她母亲的遗愿。

"我想试试看,"雅丽轻松地回答,"你领我去见见她，看她是不是喜欢我。"我却深怀疑虑，斟酌再三。

4月底，我给雯雯念了她妈妈写来的最后一封信，拿出这封信的时间距离上一封信相隔了6个月之久。雯雯的反应十分平淡，她没有扑上来抢信，也没有搬了小板凳坐到我面前，而只是朝我这边望了望，就又继续低下头去玩她的狗熊。

亲爱的小乖乖：

告诉你一个好消息：妈妈的学习已经结束了，就要回国了，我又可以见到爸爸和我的宝贝儿了！你高兴吗？这么长时间了，雯雯都快让妈妈认不出来了吧？你还能认出妈妈吗？……

我注意着雯雯的表情，使我忐忑不安的是，她仍然在专心一意地为狗熊洗澡，仿佛什么也没听到。

"雯雯！"

"嗯。"

我欲言又止。忽然想起，雯雯已经快3岁了，她渐渐地懂事了。

一个阳光明媚的星期日，我陪着雅丽来到家里。保姆刚刚给孩子梳完头，雯雯光着脚丫坐在床上翻看一本印彩色插图的画报。

"雯雯，"此刻我能感觉到自己声调的颤抖，"还不快看，是不是妈妈回来了！"

雯雯呆呆地盯着雅丽，尚在犹豫。谢天谢地，雅丽放下皮箱，迅速地走到床边，拢住了雯雯：

衣袂飘飘，秀发纷飞 YIMEIPIAOPIAO, XIOUFAFENFEI

 妻子的心

"——好孩子，不认识我了？"

雯雯脸上的表情瞬息万变，由惊愕转向恐惧，我紧张地注视着这一幕。接着……发生了一件我们都没有预料到的事。孩子丢下画报，放声大哭起来，哭得满面通红，她用小手拼命地捶打着雅丽的肩膀，终于喊出声来：

"你为什么那么久才回来呀！"

雅丽把她抱在怀里，孩子的胳膊紧紧揽住她的脖子，全身几乎痉挛。雅丽看了看我，眼睛里立刻充满了泪水。

"宝贝儿……"她亲着孩子的脸颊说，"妈妈再也不走了。"

这一切都是孩子的母亲一年半前挣扎在病床上为我们安排的。

蔚 蓝 的 爱

汹涌着　无边无沿的蔚蓝
熏染了　半壁河山
谁张大了眼睛　扬起幸福的脸
谁还在依恋地梦着远处的花园
蔚蓝　蔚蓝　把谁的抑郁驱赶
又感动着谁的脚步　和谁的呼唤

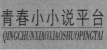

站在眼前的,是杀害儿子的凶手,也是一位精神病患者。痛不欲生的母亲呵,你为什么还要尽到一份天使的职责?——是爱,是博大而无私的爱呵,永远支撑着她坚毅的骨胳!

天　　使

李亚琼

洁的世界彻底地崩溃了。

她从精神病医院下班回家,就得知了独生儿子猝死的消息。

洁突然感觉自己整个身体都渐渐地朝一个昏暗混浊的空间陷落下去。儿子死得很蹊跷,在放学回家的路上,被一个陌生人用铁棒无故地活活砸死。

天　　使

洁怎么也不敢相信，她那个活泼可爱、聪明可人的儿子将永远地不复存在了。

前天儿子曾撒娇地央求她："妈，我过10岁生日时，您去学校接我一回好吗？"洁心里酸酸的。洁从来不接送儿子，突遇下雨，儿子也从不指望她送伞，时常落汤鸡似的跑步回家。她总是很忙，作为一名护士长，她心里满载着那些疯疯癫癫、不能自理的精神病患者。

想到再过三个月就是儿子10岁生日，洁失声痛哭："都怪我呀，我要是去接他就不会出事了啊！"

洁陷入深深的自责，她多么希望以自己的生命换取儿子的复生。

一周之后，经历了巨大的心灵创痛的洁平静地回到病房里。

她一如既往地穿上整齐的白大褂，对每一个患者报以真诚的微笑，她认真而细致地向护士询问患者的病情，有条不紊地安排工作，好像什么事都不曾发生过一样。

只是回到家里，洁会强烈地感觉满屋子里晃动着儿子那活泼的音容笑貌！洁常常不知不觉地呆望远方，那望眼欲穿的神态俨然慈母在静候游子归来的足音。

一天，院长和一位法官将洁请到办公室。

法官沉重地说："陈护士长，杀害你儿子的凶手已经被抓获，可是……"法官欲言又止，"经司法鉴定，此人患精神分裂症，无行为责任能力，现已收入你们医院治疗。"

洁的泪水决堤而出！儿子，我的儿子！洁在心里无望地呼唤着儿子的乳名，她跌跌撞撞地挪向病房。

"儿子呵，你怎么得了这种病呵，你怎么杀了人呵，我可怜的儿子呵……"

洁猛地一怔！她看见一个头发花白的老妇人正在哀哀地哭泣，止不住的泪水沿着她那张饱经风霜的皱脸滚落而下。

她一把抓住洁的手："护士长，我儿子能治好吗？能治好吗？"她一个劲儿地向洁诉说孤儿寡母的艰辛，诉说着和儿子相依为命的亲情。

洁极力克制住自己就要夺眶而出的泪水，朝她肯定地点了点头："您放心吧。"

此刻，洁走向的是一个特殊的患者，一个需要同情需要帮助的弱者，也是一个令她肝肠寸断的沾染着她儿子鲜血的凶手！

洁轻声地对他说："阿强，你今天感觉不错吧，我们到院子里去晒晒太阳，好吗？"

阿强瞪直双眼，仿佛侧耳在听天外来声，忽而将手臂猛地高高扬起："我手执钢鞭将你打！"随即一溜烟儿地跑进厕所，掏起粪便涂满全身，口中大叫："啊哈！你们想害我，我身上有蛇，你们敢上来吗？啊哈！"几名年轻的护士闻声而来，见此情景束手无策。洁拨开人群，毫不犹豫地走近散发着刺鼻臭味的阿强，牵着他的手说："阿强，你不是最喜欢舞鞭么？阿姨想向你学了去锻炼身体，你洗完澡后教

衣袂飘飘,秀发纷飞 YIMEIPIAOPIAO, XIOUFAFENFEI

天　　使

我好吗?"

阿强愣了一会儿,乖乖地随着洁出了厕所。

洁为他擦洗身体,换上干净的衣裤。他睡着之后,洁又将他长长的指甲一一修剪整齐。洁从容不迫地做着她认为该做的事情,一边做,一边轻轻拭去腮边晶晶亮亮的泪水……

阿强出院的那天,他朝洁深深地鞠了一躬。

洁永远忘不了这天正好是儿子的10岁生日!

爱 河 流 淌

你的心中有一条江流过
它流过的时候总会泛起很多漩涡
总会　有红帆起起落落
那蓝色的浪花打湿了谁枯寂的岁月?
那汩汩滔滔之声又洗净了谁的耳朵?

幽谷拾光

知心者乃自己相濡以沫的结发老妻,那些呼前拥后,对自己顶礼膜拜者,并不是自己的知己。相知才能相爱,相爱才能相守,相守才能心心相印。你知道吗?那深刻而尖锐的目光之后,藏着一颗知冷知热的心……

眼　　光

杨传球

热烈的旋风终于刮过去了,剪彩之后来宾呼啦走了一大半,而留下的贵宾午宴之后也全散了。展厅忽然冷寂得像一座冰库,连一个观众都没有,只剩下了他和年轻的妻子。

妻子曾是他的一个学生,对他极为崇拜。当崇拜变成了爱情时,他惶惑不安了,但终于抵挡不住年轻姑娘热辣辣的爱火袭击。他狠狠心割舍了相处二十几年的老妻,和比自己

衣袂飘飘,秀发纷飞 YIMEIPIAOPIAO, XIOUFAFENFEI

眼　　光

小二十几岁的崇拜者结了婚。老妻是个普通中学教师,不会画画,对他的作品总是冷冷地凝视,从不多言多语。而年轻妻子则像团火似的时刻烘着他,每有作品,便是一阵大呼小叫,便是一番倾盆大雨般的赞美,那眼光里永远都燃烧着炽热的崇拜。这个画展就是年轻妻子一手操办献给他五十五岁生日的礼物。是的,他从事丹青四十余年,早就盼望着能举办一次个人画展。但以前每次和老妻商量此事,她总显得很冷淡。还是学生有心,替他张罗了几千块钱,办成了这个展览。尽管因未曾售出一幅作品而弄得有点尴尬,但展览毕竟开幕了,此生的一大夙愿也算了却啦。

"老师!"他正在一个人出神,妻子轻轻地唤了他一声。妻子仍然像做学生时那样叫他老师。"回家吧,该闭馆

了!"

"哦,闭馆了?"他缓缓地抬起头,与妻子的目光相遇了。她惶惶地看着丈夫,眼神中蕴含着的一缕失望像冬天的寒风从没有关严的门缝透了出来,直钻进他的心里。他打了个寒颤。妻子眼中的偶像已经动摇了。

展览的几天中,大厅时刻都是静悄悄的。除了展馆门口有一块广告牌告诉人们这世界上正举办他的个人画展外,美术界的名流们似乎都哑了。电视台报纸也都沉默着,观众少得可怜。他曾找了晚报的美术编辑朋友,还请他吃了开幕式的午宴,但那个朋友为难地告诉他,现在"画展"太多太滥,总编对这类稿件卡得很严,我尽力吧!现在看来,一定是总编那儿出了毛病。接着他又亲自出马联系了几个小报记者并送了礼,但也只有两个小报刊登了一两句话的"简明新闻"。展览结束前两天他花钱又登了一次广告,想提醒一下人们这个展览的存在,不想却成了向社会做的一个"拜拜"的手势,这则二指宽的广告并未在闭幕前掀起一次人潮,展览就要最后关闭了。

闭幕不像开幕那样轰轰烈烈,而是冷清得凄凉,像一个孤独老人的默默辞世令人悲哀和同情。只有两个弟子帮着他们收拾作品,厅内除了收画的窸窣声别的什么声音都没有,连叹息都显得那么微弱无力。妻子心目中的偶像已坍塌了。他像一个诈骗犯回避受骗者那样小心地回避着她冷冷的目光。他真后悔和一个崇拜者结了婚,他觉得自己欺骗了她对

不起她。她好可怜。他觉得自己正挣扎在无底的泥淖中,再也无法从中脱身,只好听天由命眼睁睁让泥淖慢慢吞噬自己埋葬自己……

  这时,展览馆办公室走来了一位职员,告诉他们有二十幅画已在昨晚被一位不肯透露姓名的海外收藏家购买,他的代理人已将一万元外汇券送到。接着他便递来一张清单,上面开列着所购的画名。他简直不敢相信这是真的。他以为自己醉了。他以为这是一个梦,一个荒唐的梦!就使劲揪自己的手腕,当感到痛时他笑了。世界的眼睛终于向他睁开了。妻子冰冻了几天的脸一下子融化了,笑成了一摊蜜。接着便像小姑娘似的跳起来,连声喊叫欢呼,接着又很新潮地扑过去,吊住丈夫的脖子响亮地"唖"了一口。"老师,我没有看错你,我坚信你是天才,早晚会被承认的!"她激动地絮叨着。在她眼里,偶像似乎长高了许多。他觉得妻子到底是内行有眼光,是她第一个发现了我选择了我。当然自己也有眼光,果断地甩掉了毫无共同语言的老妻而娶了她……

  他的画被海外收藏家买了二十幅的消息一下子惊动了记者,大报小报纷纷加以报道,家里的客厅天天人来人往门庭若市。登门求购画的人日多一日,行情看涨。不到一月,展出过的一百幅画全部售罄,连未经装裱的画稿也卖出了几幅。不少报纸连连发文评介,选登作品,都为这个大画家被埋没了二三十年感到愤愤不平。他也完全糊涂了,整天像醉了酒一样晕晕乎乎,像浮在云端似的轻飘飘的,以为天上真的多

出了一个太阳,以为自己果真是才被发掘出土的凡·高。

那天,他正一个人在家作画,忽然来了一位客人。客人穿着十分讲究,操着广东普通话,一副绅士派头。他想可能又是来洽谈购画的,就请他在沙发上坐下。客人并没有马上坐下,而是久久盯着他。

"知道三个月前买你二十幅画的海外收藏家是谁吗?"那人神秘地笑了笑,"就是我。但我并不是收藏家,在海外我只是个普通商人!"

他愣了一下,接着便热情地伸出双手,"谢谢,谢谢!"他连声说着使劲摇动着对方的手。

"不要谢我,我是根据你前妻的请求办的。"商人短暂地沉默了一下,"她至死都爱着你!"画家吃了一惊,疑惑地瞪着眼睛。

"她参观你的展览出来后遇上了车祸。在垂危的时刻将自己的两个眼角膜捐给了正急待做角膜移植的我母亲,她只要求我以海外收藏家的名义收藏你两幅画。结果我就买了你二十幅!"

"哦!"画家晕眩了,过了好一会儿才渐渐清醒过来。"她,她为什么要这样做?"

来客沉吟了一下,便从衣袋里摸出一盘磁带放进收录机里。不一会儿,喇叭里就传出了老妻微弱的呻吟和吃力的话语:"……帮帮他吧,这是使他成功的惟一办法,因为他的作品太平庸了……"

眼　　光

他一阵阵战栗,仿佛又看到了老妻冷冷的目光,深刻而锐利,就惶恐地埋下了头。

客人走后不久,妻子回来了,告诉他说:"展览期间被那海外收藏家买去的二十幅画最近已转手,成交价是当初的三倍。"

他一惊。妻子说:"那人真有眼光!"

今　　夜

今夜　河流的微风刹那变成脸庞
生与死　在互相寻求
今夜　我从你深渊里逃出的梦幻
依旧沾满清凉透心的泪滴
踌躇于沙发和床之间　今夜呵
我黯淡的额头　会不会亮起一阵轻柔的敲门之声

我现在才知道：并不是母亲心血来潮，只是内心深处一个已经埋藏了几十年的心愿。而我怎么会一直不知道呢？仿佛醍醐灌顶的刹那，让我看到自己是这样自私的人。

母亲的情怀

叶倾城

那天，是周末，早就说好了要和朋友们去逛夜市，母亲却在下班的时候打来了电话，声音是小女孩般的欢呼雀跃："明天我们单位组织春游，你下班的时候到威风糕饼店帮我买一袋椰蓉面包，我带着中午吃。"

"春游？"我大吃一惊。

一心想速战速决，刚下班我就飞身前往，但是远远看到

衣袂飘飘，秀发纷飞 YIMEIPIAOPIAO, XIOUFAFENFEI

母亲的情怀

那家糕饼店，我的心便一沉：店里竟挤满了人，排队的长龙一直婉蜒到店外。我忍不住暗自叫苦。

随着长龙缓缓地向前移动，我频频看表，又不时踮起脚向前面张望。足足站了近20分钟，才进到店里，我已是头重脚轻，饿得眼冒金星，想着朋友们肯定都去了，更是急得直跺脚。春天独有的暖柔的风绕满我周身，而在新出炉面包熏人欲醉的芳香里，裹挟的却是我接近一触即发的火气。真不知母亲怎么想的，双休日在家里休息休息不好吗？怎么会忽然心血来潮去春游，还说是单位组织的，一群半老太太们在一起，又有什么可玩的？而且春游，根本就是小孩子的事，妈都什么年纪了！

前面的人为了位次爆出激烈的争吵，便有人热心地出来给大家排顺序，计算下来我是第三炉的最后一个。多少有点盼头，我松口气，换只脚接着站。

就在这时，背后有人轻轻叫了声："小姐。"我转过头去，是个不认识的中年妇女，我没好气："干什么？"她的笑容几近谦卑："小姐，我们打个商量好吗？你看，我只在你后面一个人，就得再等一炉。我这是给儿子买，他明天春游，我待会儿得赶回去做饭，晚上还得送他去奥校听课，如果你不急的话，我想，嗯……"她的神情里有说不出的请求，"请问你是给谁买？"

我很自然地回答她："给我妈买，她明天也春游。"

不明白，当我做出回答的时候，整个店怎么在刹那间突

171

然有了一种奇异的寂静,所有的眼光一起投向了我,我被看得怔住了。

有人大声问我:"你说你买给谁?"我还不及回答,售货小姐已经笑了:"嗬!今天卖了好几百袋,你可是第一个买给当妈的。"

我一惊,环顾四周才发现,排在队伍里的几乎都是女人。从白发苍苍老妇到绮年少妇,每个人的大包小包,都在注解着她们的主妇和母亲身份。"那你们哪?"

"当然是买给我们小皇帝的。"不知是谁接了口,大家都笑了。

我身后的那位妇女连声说:"对不起,我真没想到,我真没想到,这家店人这么多,你都肯等,真不简单。我本来都不想来了,是儿子一定要,一年只有一次的事,我也愿意让他吃好玩好,我们小的时候春游,还不是就挂着个吃?"

她脸上忽然浮现出的神往表情,使她整个人都温柔起来。我问:"现在还记得?"

她笑了:"怎么不记得,现在也想去啊,每年都想,哪怕就在草坪上坐一坐晒晒太阳也好,到底是春天。可是总没时间。"她轻轻叹口气:"大概,我也只有等到孩子长到你这种年纪的时候,才有机会吧。"

原来是这样,并不是母亲心血来潮,只是内心深处一个已经埋藏了几十年的心愿。而我怎么会一直不知道呢?我是母亲的女儿啊。仿佛醍醐灌顶的刹那,让我看到自己竟是这样自私衣袂飘飘,秀发纷飞 YIMEIPIAOPIAO, XIOUFAFENFEI  母亲的情怀

的人。

她手里的塑料袋里,全是饮料、雪饼、果冻……小孩子爱吃的东西,沉甸甸的,坠得身体微微倾斜,她也不肯放下来歇一歇。她向我解释:"都是不能碰不能压的。"她就这样,背负着她不能碰不能压的责任,吃力地、坚持地,然而又是安详地等待着。

我说:"你太辛苦了。"

她的笑容平静里有喟叹:"谁叫我是当妈的?熬吧,等孩子懂得给我买东西的时候就好了。"她的眼睛深深地看着我,声音里充满了肯定,"反正,那一天也不远了。"

只因为我的存在,便给了她这么大的信心吗? 我在瞬间想起了我对母亲的推三搪四,整张脸像着火一样热了起来,而我的心,开始狠狠地疼痛。

这时,新的一炉面包热腾腾地端了出来,我前面那位妇女转过身来:"我们换一下位置,你先买吧!"

我一愣,连忙谦让:"不用了,你等了那么久。"

她已经走到了我身后,略显苍老的脸上明显有着生活折磨的痕迹,声调却是天生只有母亲才会有的温和决断:"但是你妈已经等了二十几年了。"

她前面的一位老太太微笑着让开了,更前面的一位回身看了一眼,也默默地退开去。我看见,她们就这样,安静地、从容地、一个接一个地,在我的面前,铺开了一条小径,一直通向柜台。

泪水模糊了我双眼,通往柜台的路一下子变得很长很长,我慎重地走在每位母亲的情怀里,就好像走过了长长的一生,从未谙人世的女孩走到了人生的尽头,终于读懂了母亲的心。

诗文并茂

母 亲

看呵 我多么惬意地躺在一滴露珠里
露珠多么轻盈在挂在青翠欲滴的草尖上
草在呢喃的春天里摇曳
而春天呵 就偎在母亲温暖的怀里

摇鬼在生命中的一根稻草

生命会遭遇多少断桥。绝处逢生的时候也是有的。索性从断桥跳下去，拥抱激流，横渡命运，或许会抵达一处芳草如茵的彼岸。

一幕不该发生的悲剧发生了,悲剧的根源,在于父亲的感恩戴德思想。

看来,反对不正之风的任务更加艰巨了,这就不仅仅是某些领导干部的思想作风和道德品质问题了,而是一个扎扎实实的社会问题了。所谓社会问题,是与文化有关的,那基础是不易动摇的。

寒　冬

陈永林

空中溢满寒风狰狞的微笑。光秃秃的树干冷得瑟瑟发抖,发出凄厉无助的呜咽。空中铺满铅色的乌云,严密密地压在头顶上。

要下雪了。

我立在风中,脸被刀子样的风扎得生痛生痛。几个脚趾头好像断掉了,已感觉不到痛。

"爹,上岸吧。要不会冻坏的。"

父亲不搭理我。父亲仍摸他的鱼。父亲只穿了一条短裤衩。

"这些王八羔子都躲到哪儿去了?"父亲下湖快半个时辰了,可乌鱼一条也没摸到。在夏季,乌鱼很好弄。夏季,乌鱼怕热,总浮游在水面上,在鱼钩上放只青蛙或块面粉团,就立马能钓上乌鱼来。可在寒冬,乌鱼怕冷,藏在泥土里一动也不动,很难抓。即使人踩住它,它也动都不动,让人很难感觉到踩住它了。乌鱼鬼精。

湖水对湖岸怀着满腔仇恨似的,猛烈而凶狠地撞击着湖岸。我感觉到脚下的地在抖。我听见湖岸痛苦的呻吟。湖水一点也不同情,仍一次比一次凶狠地咬噬着湖岸。

父亲被湖浪冲了个趔趄,险些摔倒。

"爹,别摸鱼了,回家吧。"

"放你妈的屁,不摸到乌鱼,你狗日的能当成兵……"

父亲的声音打颤。

都是那狗日的村长!

听说在一些富饶的地方当兵很容易,可在我们这个穷山沟,想当兵的挤破头。每年冬季,都是亢奋而慌乱的季节。许多人都为当兵奔波。我们这些没考上大学的,如又想挣脱脚下这贫瘠的土地束缚,那只有当兵一条路。在部队考军校

比地方上考大学要容易得多。如考不上军校,可学些技术,今后就不愁没饭吃。学不了技术,争取入党也行。入了党,可进村委会当干部,或者进乡办企业,入了党的军人也不愁没饭碗端。

我也往当兵这条狭窄的路上挤。

去年,我验中了,可乡武装部只分给我们村委会四个名额。我没争到。原因是我们想抓住鸡却又舍不得一把米。

今年,我验中后,父亲就忙活开了。

父亲拎了两条"红塔山"、两瓶"茅台"进了村支书的门。村支书见了烟酒,满口答应,又说:"只是村委会不是我一个人说了算,还得让村长同意。村长同意了,我没二话。"

父亲又拎着鼓鼓囊囊的包进了村长家。

父亲对村长说明来意。

村长说:"这事,我当然会帮忙。只是今年指标太少,只三个。而村里验中了的却十几个,能否去得成,我不敢打包票。但我尽力帮忙。"

父亲又把烟酒拿出来,村长不收。父亲说:"你不收,就是看不起我,不想帮这个忙。""忙是要帮,但东西不能收。"两人争了很久,最后父亲执拗不过村长,把东西拎回家了。

父亲脸上阴阴的。

父亲说:"村长死活不收东西,他不实心实意帮忙。唉!"

父亲心里急。

正巧,村长的女人得了一种妇科病,医生开了药,说要乌鱼做药引子才行。

父亲得知后,立马就下湖了。

父亲的身子开始抖了,"妈的,这……王八……躲……哪里……"父亲话都说不囫囵。

"爹,回家吧。这兵我不当了。"

我的泪掉下来了。

"闭……上……你……臭嘴。"

父亲仍摸他的鱼。

忽然,父亲笑了:"哈哈,终于……抓……住……你了……"

父亲双手举着一条三四斤重的乌鱼。

父亲上了岸,身子一个劲地抖。父亲的嘴唇已冻得乌黑,身上发紫,可父亲还笑着说:"这回没白来。村长见了这鱼,准会动心的。你当兵有望了。"寒冬,乌鱼捕不着,鱼摊上根本见不到乌鱼。

回家的路上,碰见几个汉子。汉子们见我手里抓着乌鱼,都转回头走了。

我知道他们也是为村长抓乌鱼的。

回到家,母亲把一红本本给我,说:"通知书刚下来了,过几天就走。"

父亲不识字,却端着"入伍通知书"看了许久。

 寒　　冬

父亲问:"这通知书谁送来的?"

"村支书。"

"那你把这乌鱼剖了,红烧,多用香油,要煎得焦黄焦黄,村支书喜欢吃。"父亲对母亲吩咐后,又对我说,"你去买两瓶好酒来。"

"那这乌鱼不送村长了?"母亲问。

"不送。"父亲生硬地说,"娃能当兵,全是村支书帮的忙。这情我们得谢。"

酒买回来了,父亲就去请村支书。

父亲把脊背上的鱼块一个劲地往村支书碗里夹。村支书说:"我自己来。"父亲说:"多吃点,这东西冬天里吃了,补肾。"父亲又端起酒杯,说,"我在这敬你一杯,娃儿能当成兵,全靠你了,在此谢你了。"父亲一仰脖,一杯酒一口干了。

"林子能当成兵,也亏了村长帮忙,我一个人不行的。乡长在外县有一亲戚,想把户口转到我们村,占我们村一个指标,村长挡着,把这指标给了林子。"

父亲"啊"了一声,笑便僵在脸上,但片刻,又说:"来,喝酒。"

父亲的声音一下没了筋骨,软绵绵的。父亲刚才兴奋得发红的脸也犹如门墙下的枯草,蔫蔫的。

外面开始下雪了。

吃完酒,父亲又出去了,母亲和我没在意,都没问父亲到

哪里去。到吃晚饭时,我四处喊父亲,却没人应。母亲也慌了。后来,母亲说:"他是不是给村长摸乌鱼去了?"我跑到湖边,见岸上放着父亲的衣服,湖上却没父亲的影子。后来在离我们村二十几里的一个山脚下找到了父亲。父亲的身子已变得僵硬。

三天后,我穿着绿军装登上了火车。

雪纷纷扬扬下,满世界一片耀眼的白。

是　　谁

是谁在呵护我
我要清洁地面对
是谁的容颜大风依旧
一夜之间　花落花开
是谁,是谁呵
握住我的手
直到我化成泉水

面对生命的挑战,一切怯懦的念头都荡然无存,只剩下咯咯吱吱作响的骨胳和坚定的信心。风在吼,爱火在燃烧,那滚烫的热泪啊,裹着谁轻轻的呼唤?

生　命

郑彦英

山里风硬。裹着雪的风像刀刃一样对着人的脸蛋子又割又戳。根根就顶着这样的风雪,把高烧不醒的他大背出了家门。他媳妇桂桂在后面跟着。

山村本就小,立时被惊动了。又短又窄的街道很快被人的声音挤实了。根根的好朋友房梁截住根根,"不要命咧?这个天儿出山?!"

根根看着房梁的腿:"我大才四十七岁!"

桂桂接着说:"我大一个人把根根拉扯大,恩比山重,我俩就是豁出命也要把我大救过来。"

赞叹声四起。房梁大看着房梁的眼睛,说:"这才是真真的孝子,学!"

乡亲们一直把他们送到村口,祷告天爷保他们一路风顺。也确实顺。很快就翻过了头道山,远远地就听到了山底下响马河的流淌声。

这是两道石崖夹成的窄窄的沟道。水到这里就流得很急。靠他们这边的石崖上,戳着一棵老槐,不知多少年岁了。枝条少而粗,一条树枝伸到河心上空,垂下大拇指粗一根麻绳。人要过河,只需抓住麻绳一荡。

根根看看桂桂,又看看光溜溜的冰面和飞舞的麻绳,就叫桂桂坐到岸边雪上,将他大放到桂桂怀里,然后抓住那根

麻绳,小心翼翼地走上冰面。没有听到破裂声。他又在冰上跳了跳。仍没有听到破裂声,只听到河水在冰下石崖上撞击流淌而发出的轰隆声。他这才放心了。走上河岸,将他大抱起,说:"你先过去。"

"不。"桂桂温柔地看着他,"我身量比你轻六十斤呢。我背咱大过,保险些。"

他将他大放在她的背上。他大嘴里咕哝了一声。

桂桂很吃力,但还是朝他笑笑,"看我,走得稳稳当当的。"

他没吭。他瞅瞅桂桂腹前的棉袄襟子,扶着桂桂下了河岸。看着桂桂一摇一晃地踏着冰朝前迈,他抓住了那只飞舞的麻绳,"你放心,你刚过河我就荡过去。"

桂桂在冰上停住步子,将她大往上颠了颠。

这一颠颠出了一道尖厉的破裂声。这声音就来自她的脚下。她像一只惊枪的雁一样惊叫一声,随着破裂的冰块掉进刺骨的冰水里。

根根慌了,危急中高喊了一声"妈——"跳下了河岸。没想到他脚下的冰也"嘎——"地响了。他猛然一跳抓住麻绳,一荡回到了岸上,这才看见媳妇桂桂已经抓住了一大块冰,"咯咯"地吐着口里的水,两眼焦焦瞅着他。他大不知是受冷水刺激还是什么别的原因,竟也醒了,奇迹般地抓着一块冰,"根——"还似乎叫了他一声。大片塌裂的冰块左右冲撞,顺水而下,眼看就要被冲进高悬在水面上的冰层下面。

"抓紧——"他撕裂着嗓子喊了一声,伸手拔下插在毡靴上的护身刀，一跳割下一长截麻绳，匆匆朝下游跑去。

他大和桂桂都在水里，眼看都要被冲到冰下面。他大又叫了："根——"叫得他心里像有蛇爬。

他知道，绳子抛下去，扯上一个来，再救那一个，肯定来不及了。

"大——"他惨叫一声，将绳子抛过去。

绳子很准确地落在了桂桂面前。

桂桂"哦唔！"一声抓住绳子。他呼呼喘着，几把就将湿淋淋的桂桂扯了上来。再看他大，心头猛然一喜。

他大竟然抓住了高悬在河水上的冰口，身子被激流冲着向冰下斜去。"根——"声音很沙很弱。他还在吃奶的时候，他大就这样叫他。

"大——"他将绳头扔了过去。

他大抓住了，抓得很紧。

当他将他大抱上岸的时候，他大颤抖着说："不孝……的东西……我没有……你这……种！"

他将他大放在石崖上，连忙趴在石崖上给他大磕头。"大……"他的额头在裹着冰的石崖上磕得"砰砰"作响。"大……你不知道……桂桂怀娃了，那是……咱的根……大……大……咱娶一个媳妇……容易吗？大……咱不能……绝了后……大……"

他大又昏了。闭着眼睛，却仍然恶狠狠地咬着牙。湿淋淋的身子蜷缩在寒风中。

生　　　命

他没有看桂桂,傻了一般瞅了他大半晌。忽又"噌噌"地解起衣扣来。

桂桂抱住了他,泣然道:"咱……臭了。咱把大背到哪儿,大都会说这事。咱……就都……没法活了……"

根根解扣子的手不由停下了,看看泪流满面却仍然切切盯着他的桂桂。桂桂湿淋淋的身子颤抖不止,"根根……咱……咋弄呢?"

他没应,忽然狠狠抓住桂桂的双肩,双眼也瞪圆了。"桂桂,你给我下个保证!"

"啥……保证?"

"把我的娃……生好养好……"

"这……还用说吗?"

他这才松开桂桂,站起身,将那截救了两个人的麻绳子从中间割开,提着一截上了那棵老槐,接在垂着的绳头儿上。然后下树,对呆呆立着的桂桂说:"把衣裳脱了。脱光!"他的两眼充满了血一样的红。

"你……你……"桂桂只好脱。衣裳已冻硬了,脱时发出"咔咔"的声响。

她的棉袄还未脱下,他的已经脱下了。他一把扯下她的湿棉袄,将他的干棉袄捂到她身上,"快,脱裤!"

待她将他的干棉裤也穿上的时候,他已用那一截绳子将昏迷的大捆在他身上,站起身,朝老槐走去。

"你……弄啥?"桂桂挡在他面前。

"荡过去!"他伸手一拨,桂桂闪了一个趔趄。

桂桂又扑过去抱住他的腿,"不行!那绳经不住两个人!"

"闪开!"他朝她吼,抓住了飘在空中的绳子

"不!"她死死抱着他的腿。

他低下头看看桂桂。他眼里的血丝更稠了。他的下巴骨鼓了两鼓,一抬腰,桂桂仰面摔倒在雪地上。

"根根——"桂桂大叫一声。她还未来得及爬起,眼前就飘起一片黑云。

老 玉 米

我就站在它的面前
看着它开完花　结完果
一生的使命就完成了
它的叶子开始凋枯　连根都像要保不住
它在悄悄地死去　不弄出任何动静

我就站在这株老玉米的面前
久久不愿离去　直到我听见
一阵接一阵　发芽的响声

幽谷拾光

在那浓酽厚道的乡音里,生活着多么朴实的农民兄弟!他们日出而作,日落而息,把根深扎于贫瘠的土地,以一颗至诚之心呵护着收成,让粮食的芬芳遍布自己的身体……

蛟龙出海

卖　马

严晓歌

队里的那匹枣红马老了,乡亲们开会商议决定卖掉。

队长对饲养员存善老汉说,你去吧,你懂行情。

存善老汉点点头。

队长又交给存善老汉三百元钱,说,这是咱队里的全部家当,卖了枣红马,加上这钱,再买一匹小马驹,明年秋上种麦用。

青春小小说平台  把日子摆上地摊

存善老汉珍重地接过队长递来的钱,又使劲点点头。

卖马要去离村七十里的漯河市牛马行。存善老汉用一块红布把三百元钱包了又包,然后让老伴把自己的破棉袄里子撕开一道缝,把钱包塞进去,再让老伴用针线密密缝严实,摸摸,才放心地咧开缺牙的老嘴笑笑。

天擦黑的时候,存善老汉用儿子上学的布书包背了一天吃的窝窝头,牵着枣红马上路了。队长一直送他出村,还不住地叮嘱。

存善老汉紧走慢走,在夜风凛冽的初冬时节竟走出一身如细雨沐浴的热汗。鸡叫的时候,存善老汉走过铁路,到了漯河市。他停下来望望东方的天,一片漆黑,离天亮尚早,这时存善老汉才突然感到又累又困。他想天亮了牛马行才有人,就靠着一根电线杆蹲下来,手里紧紧攥着马缰绳。枣红马依恋地偎在他身旁。不知不觉地,存善老汉进入了梦乡,鼾声大作。这铁路是京广线,南来北往的火车繁忙。一列火车长鸣着尖啸的汽笛进站,惊吓了枣红马。枣红马长年累月在田间地头劳作,没有听过这怪声音,它一惊,挣脱存善老汉手中的缰绳,哒哒哒地跑了。等到存善老汉一觉醒来,天已经大亮。他感觉到手中空空的,睁眼不见了枣红马。存善老汉大吃一惊,本来已经晾干的汗又泉涌一样冒出来。他站起来急急忙忙奔向牛马行。到了牛马行,那里早已熙熙攘攘,存善老汉像一条泥鳅在里面穿行,寻找枣红马,牛马行没有枣红马。存善老汉出了牛马行,在漯河市如丝织般的街巷走,逢人便乞求

摇曳在生命中的一根稻草 YAOYEZAISHENGMENGZHONGDEYIGENDAOCAO 卖　　马

似的询问："你看见一匹枣红马了吗？"然而得到的都是失望的回答。

吃罢午饭，太阳暖烘烘的，乡亲们坐在墙根下晒太阳。这时候枣红马鼻孔喷着热气，汗水淋漓地回来了。乡亲们疑惑，存善老汉怎么没有把枣红马卖掉？他们朝马后望，想望见存善老汉。但马后没有一个人影。乡亲们喊来队长，队长便和乡亲们来到大路上朝远方望。可是一直望到天黑，也没望见存善老汉。乡亲们的心沉重起来，像拴上了铅坠儿。队长在焦躁不安中候了存善老汉一夜。第二天天麻麻亮，队长找了几十个汉子到漯河市去寻存善老汉。汉子们穿街走巷，打听存善老汉的下落，后来打听到铁路南，有人说见存善老汉出

了漯河市，就断了音信。队长和乡亲们在村里又候了存善老汉几天，还不见他归来，大家便猜测这老汉一定不在人世了，被坏人暗害了。因为他身上带着三百元钱。队长就狠命地用拳头捶自己的脑袋，痛哭流涕地说："我真笨呀！我真笨。我怎么没想到找个年轻人和他一块儿去。"队长让新饲养员精心喂养枣红马，存善老汉的工分照记，一天 10 分，这给一个不在人世（乡亲们心里认为）的人记工分，在乡下还是先例，却无人异议，时间长了竟习以为常。以后的日子乡亲们常常到饲养室看枣红马，看到毛发亮洁的枣红马，想起存善老汉，乡亲们眼里痒痒的，泪水虫子一样涌出来。

春节时候，临近村子的农场为了改善职工生活，要弄些肉。但那年月肉类很紧张，杀牲畜又犯错误（除非病老体衰的牲畜），于是农场干部找到队长，说愿意用一匹膘肥体壮的骡子换枣红马。队长说不换，这匹枣红马系着存善老汉的一条命，给十匹骡子也不换。乡亲们还说要把它喂到老死，像葬亲人一样葬掉。农场干部悻悻地走了。

时间过得飞快，转眼到了来年秋上种麦，队里缺马犁地，队长彻夜不眠寻思着去哪里借马。那时候乡下少机械，马是庄稼人的命根子。半夜里队长忽然听见几声陌生的马嘶鸣，那样清晰那样近，他一骨碌爬起来，拉开门冲了出去。这夜是十五，明月皎皎，队长看见存善老汉牵着一匹高大的白马站在村子中央。他苍老了许多，散乱的须发灰白，背驼得像一张弓。队长跑过去抱住存善老汉，急切地问："大哥，你

卖 马

这么长时间去哪里了？"乡亲们也都问起来，把存善老汉团团围住。存善老汉就诉说了他失踪的情节。原来存善老汉没有找到枣红马，感到对不住乡亲们，便步行到了汉口，在码头上卖苦力挣钱，买了这匹白马。队长听完，泪流满面地说："好大哥，那枣红马在你卖马的第二天晌午就跑回来了，现在正在饲养室养着呢。""是吗？"存善老汉瞪圆眼睛问。

"是！是！不信你去看看。"

存善老汉跟跟跄跄奔到饲养室，他看见那匹枣红马正安详地吃着夜草。

存善老汉搂住马脖子，眼泪扑扑簌簌地滚落下来。

他喂了一辈子马，却忘了一句老话，老马识途。

老马识途

沿着喧嚣的生命长廊　老马
无法闭上自己的眼睛
铮铮涉入密林深处　时间静默的脊背
和它微微弓起的猛烈
靠近它　让黯淡的影子渐渐明亮起来
让那颗流浪多年的心　在光芒中颤动

生活中真正可笑的丑,往往打肿脸来充美;而生活中真正值得钦佩的美,却被人无理地涂抹成丑。生活中真正的假当成真,真正的真当成假。这种美丑错位造成的反差,岂不令人忍俊不禁?

立　　场

乔　井

老五叔在牟家做了九年零两个月的长工,直至牟老大逃出大陆,他才离开牟家。

斗争万恶的地主牟老大那年,老五叔被当作苦大仇深的典型给领导拖上了讲台。老五叔在台上扭捏半响,最后说:"说什么呢?其实我在牟家九年里没遭什么大罪,顿顿都吃得饱,不像现在吃了上顿愁下顿……"气得领导白了脸,但

因他几代贫农,也没怎么着他,只是免了可能当村长一事。

老五叔以后活得也平淡,与世无争,只是每次与人说起牟家时,他总一口咬定自己在牟家时活得比现在好。还说过年过节时,东家总是摆一桌酒席请下人们吃一顿。还说有一年冬天天寒地冻,牟老大亲自把自己一件小皮袄送给了他……让人怀疑他在牟家究竟做的是长工还是管家。

就这样,一说说了十年,又说了十年,一晃四十多年过去了。

这一天,一辆黑色的小轿车悄然停在了老五叔的门前,车上下来个县里的干部,进了老五叔的家门,对他问寒问暖,一副以往照顾不周的样子,最后说:"牟老大要回来了。"老五叔一怔,旋又平静,说:"与我何干?"干部说:"组织上考虑你与牟家的关系,决定让你出面招待他,增强一下感情,也好为我县多争取几个投资项目。"老五叔说:"他可是地主呢!"干部笑笑,说:"地主归地主,这都是以前的事了。再说地主就没有好的吗?你不是就老讲……"

几日后,牟老大回来了,并住进了县招待所。老五叔在县里干部的陪同下去看他,二人相见,抱头痛哭。陪同的干部上前对牟老大说:"牟先生,您这次回来,最高兴的恐怕就是老五叔了。他常说您那时送他新棉袄,过年还请他喝酒的事。"牟老大很感动,老五叔却说:"其实你那阵儿也够黑的,我在你家干了九年,你一个工钱还没给我呢!"众人皆惊。

老五叔又笑对众人说:"他那阵还耍奸,说等我娶媳妇时一块把工钱给我,可你们看,我现在儿子都娶媳妇了,他也没给我工钱。"

众人又皆开颜,做笑谈状。

不久,牟老大在家乡投资了两个项目。老五叔功不可没,做了个政协委员,逢年过节也能进县招待所坐一坐了。

诗文并茂

立　　场

老是站在一个地方
葱郁着自己的一片天空
排除一切挡住视线的障碍
一直昂首站着
不向左倒,也不向右倾

黑蝴蝶

夜幕将临,黑蝴蝶颤动的翅翼里裹着多少童稚的幻想,承受岁月悄然的磨损,待孩子拔节时,父亲呵,你可曾感知到那浓浓的爱的激流?

黑　蝴　蝶

刘国芳

那时候儿子依偎在他的怀抱里,有蝴蝶飞过来,是黑色的,很大。儿子从他怀抱里挣脱出来,歪歪地跑着去捉。蝴蝶没捉到,倒是他跑过去把儿子捉到了。他说:"莫捉蝴蝶。"

儿子仰着头,问他:"为什么?"

"蝴蝶是人死了之后变的。"

儿子说:"人死了都变蝴蝶吗?"

他说:"都变蝴蝶。"

"爸爸以后也变蝴蝶吗?"

"莫乱说。"

儿子仍要去捉蝴蝶。他把儿子的一双手捉牢来。这儿蝴蝶蛮多,在他们头顶上翩翩起舞。儿子于是抬着头转来转去,大喊:"这么多人都变了蝴蝶呀!"

他把儿子捉回了家去。

这以后他不大和儿子在一起了。他在外面交了个相好,很漂亮的一个女孩,女孩喜欢他,天天和他在一起。有一回女孩对他说:"我们结婚吧。"

他说:"我舍不得儿子。"

女孩说:"以后我给你生就是。"

他发半晌呆,然后点了一下头。

于是就先和妻子办离婚。办了离婚再收拾东西往外走,儿子拉着他的手,问:"爸爸,你去哪儿?"

他扯了个谎,说:"出远门。"

儿子说:"爸爸以后不要我了。"

他不好做声。

这时候有一只蝴蝶飞来了。

黑色的,很大。他看见儿子盯着它,一动不动。黑蝴蝶晃来晃去飞走了。

他也走了。

以后他便见不着儿子了。他很想儿子。

在他想儿子的时候他的新婚妻子便拍着肚皮对他说:

黑 蝴 蝶

"莫慌嘛,我帮你生。"

他只好这样。

于是就等,等妻子肚子隆起来。可是等呀等,等呀等,妻子并没有给他生儿子。

他便愈发地把儿子想得慌。

有一回再也忍耐不住,便瞒着妻子去看儿子。但好些天不见。他不晓得儿子搬哪儿住去了。很费劲打听才找到。

找到那屋时他看见了一个孩子,孩子很高了,已无昔日的稚气。他盯着看,有些不敢认;但直觉使他相信他就是自己的儿子。于是他对孩子说:"你认识我吗?"

孩子摇摇头。他叫孩子认真看看他。

孩子认真看了后说:"我不认识你。"

他说:"我是你爸爸呀!"

孩子说:"你不是我爸爸。"

他说:"是你爸爸,我是你爸爸。"

孩子说:"不是,你不是我爸爸。"

他固执地说:"我就是你爸爸。"

孩子不再和他争,跑进里屋去拿了一个小木盒出来,递给他。孩子说:"我爸爸在这里边。"他把小盒打开来。

打开小木盒他眼泪就流了出来。

他看见小木盒里有一只蝴蝶。

是只黑蝴蝶。很大。

黑 蝴 蝶

深藏于孩子的记忆里 黑蝴蝶
像微暗的灯光,被那双稚嫩的小手
一点一点拨亮
在夜幕低垂的此刻 黑蝴蝶
你是继续沉迷于那条眉毛般的路径
还是朝向回家的方向

五味的孤独和失落,不再是愁柴米温饱,甚至不再愁没钱花。那么,他到底是丢失了什么呢?

是否丢失了身为人夫的"尊严"?抑或丢失了男人的"价值"?是否什么也没丢失而浮躁?抑或什么都将丢失而心烦?……

饭　　局

魏邦良

夫人荣升为财务科长后,五味便心甘情愿地包揽了所有的家务活。累一点五味倒没什么,让他受不了的是夫人工作上的应酬越来越多。这不,自打当了科长后,夫人就从来没有按时下班过。

每天下班回家,五味就手忙脚乱地做起晚饭。晚饭刚弄好,家里的电话就会准时响起,拎起话筒,里面会传出夫人千篇一律的声音:"今天晚上我有一个饭局,晚饭你一人吃罢。"

做好了晚饭没人吃就像写了篇稿子没人看一样令人极为扫兴。坐在沙发上抽闷烟的五味免不了一阵胡思乱想:倘若自己和老婆换一下位置,那现在在家闷坐着的就是老婆而不是自己了。如果真是那样,五味想,老婆那一刻会不会和自己现在一样心烦意乱呢?在家枯坐的滋味不好受,五味想,倘若让老婆也尝尝这样的滋味就好了。

一日,夫人偶有小恙在家休息。那天恰好是五味的生日,但粗心如五味者,除了夫人的生日他铭心刻骨以外,其他的日子他从不留意。为了给五味一个惊喜,夫人悄悄买了蛋糕、蜡烛,还在对面小餐馆叫了一桌精致的酒菜。待一切安排妥当之后,五味夫人便在沙发上正襟危坐,像表演完毕的演员等待掌声一样等待五味的归来。

傍晚六点,电话响了,夫人拎起话筒,里面传出五味颇为自得的声音:"今天晚上我有一个饭局,晚饭你一个人吃罢。"五味夫人这一刻的沮丧与失望恐怕只有五味才品尝得出。

五味夫人正坐在沙发上生闷气,天突然下起雨来,五味夫人一惊,心想遭了,五味上班时没带雨具,他的单位又在郊区……五味的单位里只有一家"三星"餐厅,夫人断定五味所说的饭局十有八九在那里。五味夫人找出雨伞雨披准备给五

饭　局

味送去。五味是骑自行车上下班的。

待五味夫人一步一滑来到3路车站时,她看见车站对面的大排档已撑起了挡雨的布篷。忽然,一个熟悉的人影跳入她的眼帘,细一瞅,那不正是五味?

坐在挡雨篷下面的五味正狼吞虎咽吃一碗炒面哩。

饭菜凉了

饭菜凉了　心便凉了
无边无际的等待　裹着
无边无际的爱
在谁的孤影里
膨胀成一种声音
穿过彻骨的夜
运抵谁的唇边
润泽谁的容颜

爱就是这样：彼此牵挂，彼此慰藉。没有惊天动地的壮举，没有海誓山盟的言词，只有相守、相念、相知、相互浸润。

爱就是这样，简单却又细腻，平淡却又感人……

破　　镜

雨　瑞

傍晚，阴霾的天幕像一块展开的抹布，让人看着揪心，林荫道上行人稀稀落落。

自行车坏了，他只好步行。也好，三公里的路程，使他有足够的时间去胡思乱想。

他和她分居已近一年。上个星期，法院终于通知他们去办理离婚手续。仅仅因为他住了几天院，才把这事给搁下

破　　　境

了。好了，这桩折磨了他们一年之久的事总算可以了结了。

他和她，说不清当初是怎么走到一起的，而现在，也说不清到底为了什么要分手。他只是本能地感到她不爱他，而他呢，也自始至终没对她产生过像小说和电影上所描绘的那种激情。他们之间从来都彬彬有礼、客客气气，既不过于亲昵，也不互相生气。他甚至从结婚的第一天起就下意识地觉得他们之间不会"地久天长"。

在一起相敬如宾地凑合过了两年，没有幸福，没有温暖，没有乐趣，也没有"果实"。

"还是分开吧。"有一天，她终于开口了。

他默默地点了点头，一点也不感到意外和震惊，仿佛她说的是"看场电影去吧"一样。

没有怨艾，没有争吵，没有眼泪，没有斤斤计较地讨论"条件"，她像往常出门一样，默默地走了。没一会，她又折回来，将一串钥匙递给他，凄然一笑，说："瞧，把这忘了。"

她住到三公里外的单身宿舍去了。

下午，他听到了今夜有地震的"小道"消息，不知怎么的，在这四十万人口的城市里，他第一个想到了她，他原以为早把她忘了呢。一整年，他没去过她住的那个地方。她也没回来过。

好容易打听到了她的宿舍。门锁着，屋里漆黑。这也好，免得彼此见面都难堪，他这样想着，尽管他实际上有那么一点淡淡的失望。他写了张字条，塞在门锁的上方。

回去的路上,他稍稍有点后悔。他不能理解自己,也不能解释自己的行为。他想,说不定她反倒会嘲笑我,以为我反悔了。

进了家,他伏在靠窗的写字台上,准备在台历上记下一天的生活,那是他的习惯。

突然,他发现台历下边压着一个字条:

今夜可能有地震。不要睡得太死。

又:以后出门注意关窗。

没头没尾没称呼署名的一个字条,但他一眼就认出了她的笔迹。

他不禁怦然心动,默默地放下纸条,点燃起一支烟,深深地吞吐着,让浓浓的烟雾包裹了自己。

需　　要

我需要蠢蠢萌动的培养
需要一万条河流的经过
需要怀念一朵花开放的过程
和一阵风轻轻掠过的每一个情节
我需要爱呵　需要一场雪
持久地　覆盖我身体末端的灰色……

她丈夫最有能耐

董全这能耐竟然慑于"娘家中,县级以上的大官就有四位"的妻子的"神通",俯首听命地"主动"罢官归隐,终至于"心在天山,身老沧州"(陆游语),落得个悲剧的下场,可怜,可叹,可惜,可笑!

她丈夫最有能耐

马玉山

"俺男人最有能耐!"这是胡美美的口头禅。

胡美美的男人董全的确是个能人,当过街道的厂长、经理、主任……他很称职,全是胡美美不让干了。胡美美不是一般的女人,她虽无才能,却有门路——她娘家中,县级以上的大官就有四位,其神通可想而知了。

董全不仅有经营才能和谋略,还有文艺细胞。最近,邻居

207

赵林常来找他切磋舞技。

胡美美打听到赵林讨教舞技是为了参加大奖赛，顿时满脸肃杀，教训起董全："今后不许再教赵林跳舞！真是傻老帽！能教会别人去拿大奖，干吗自己不去拿大奖！"

"夫人的意思是……"董全惧内，他很愿意去参加舞赛，却不敢说出来。

"你有能耐，去给我拿个奖回来！"胡美美简直像在下圣旨。

"大奖不敢说，取个名次，还是稳当得很！"董全高兴异常。

"一定要拿大奖！奖金一万多元哪！你好好跳，我投个门路，两下一凑合，准得一套空调！"胡美美算计得很美。

"好，我一定争取拿大奖！"董全蹦了起来。

董全找到老搭档艳玲，全日精心操练。

预选赛那天，胡美美亲自去助威。当她看到董全搂着艳玲跳舞时，顿时脸色大变，心像有刀子剜一般……气愤得没看几眼就跺着脚走了。

董全夺了小组预选赛第一名，高高兴兴回到家后，等待他的是一顿臭训。

"真恶心死了！你搂得那婊子那么紧，那婊子又贴得你那么紧……当着千号人都那个样儿，背后什么丑事不敢干？"胡美美审贼一样盯着丈夫，"说，你们什么时候勾搭上的？"

她丈夫最有能耐

"夫人,你别误会……"董全想解释,又难解释清楚。

"我误会?"胡美美两只眼瞪得铃铛一样圆,"今后不许你再跟她勾勾搭搭!"

"我们只是跳舞……"

"跳舞也不行!"

最终裁决,判了死刑。

董全再不敢跟艳玲跳舞,自然没去参加决赛。

决赛那天,胡美美守在电视机前让董全陪着看实况转播。

当看到赵林一对夺了头等奖环场施礼时,胡美美"砰"地一声把电视机关了。

"真他妈的臭美!大奖该是俺男人的,却让这个龟孙子

拿了!呸!俺男人要去,那能轮到你赵林!"

"唉……"董全长长地叹了口气,什么话也说不出来。

月亮把太阳赶下山来

这是很无奈的事情
我知道每天傍晚太阳都很寂寥
他被月亮赶下山去
他躲在西边的某个角落抽泣
不想隐去自己的光辉
而娇嗔的月亮　爬过他的肩头
把谁斑驳的伤痕　扔了一地

教 授 之 恋

他曾在梦中以生命的激情让自己定格住那片美丽的灿烂……

然而,那悠长的记忆,随着岁月褪色,再也冲洗不出那份温馨,那份厚重,以及在心灵的河流中,那跳动不已的爱的涟漪……

教 授 之 恋

毛志成

王教授也有过年轻的时候。

三十年前,王教授二十四岁。那时,他是中学教师,教语文。由于他在领着学生读课文时一读到感人处就把课本放在讲台桌上,背过脸去,用手绢擦眼睛,使得不少学生也跟着一起抽泣。当然,也有笑的。

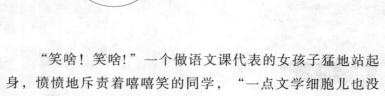

"笑啥！笑啥！"一个做语文课代表的女孩子猛地站起身，愤愤地斥责着嘻嘻笑的同学，"一点文学细胞儿也没有，庸俗！庸俗！"

那时，这女孩十六岁，正读高一。

王教授——那时的王老师——是真正意义上的白面书生，白净脸上有一副白框眼镜；衣服上沾一粒尘土也要弹掉，皮鞋上有一星儿泥水也要擦净，重新打油；对于教师中任何带有俗气的说笑都要皱眉，每次讲完正课都要在黑板上写下几句名诗或几句名言，动情地念、动情地讲。

那女孩贪婪地听着，贪婪地抄着，三年中抄了几大本子。

那女孩是个平民百姓的女儿，父亲是装卸工，母亲是工厂的厨师，两个人天天吵，天天骂，骂出的话又凶又荤。这女孩一听到父母在对骂，便赌气走出门，坐在楼前的一棵树下发呆。父母的对骂声从楼窗里传出来，这女孩忍无可忍，便跳起来大喝几声："庸俗！庸俗！庸俗得让人没法活！哼，总有一天我离开你们！"

高三毕业，这女孩没考取大学。她来看望她的王老师。王老师多情善感，眼圈红红的。

她说不清自己是想威胁王老师，还是想试探王老师，反正她希望她说出的话使王老师难过……

"我完了……"她偷偷瞟了王老师一眼说，"离开您，我会变庸俗的，肯定的。"

教授之恋

"不,不,我不允许。"

"不允许也没用,您想想我的家庭环境!"

"要有自制精神。"

"自制?我才十八呀,毛孩子一个!除非我身边有人天天管着我!"

她又瞟了他一眼,脸红了。

他似乎懂她的意思,也许正因为懂,他才说:"我还有事,你先回去吧……"

三年后,她果真走了平民之女常走的路——早早地结了婚,男人倒也老实。

这一年,"文革"正凶,王老师单凭身上那一股"酸"气,就合乎逻辑地成了"资产阶级知识分子",加上出身"反动",被"揪"出来了。满墙的大字报说他的讲课这也是"放毒",那也是"放毒"。王老师本想表现出"士可杀而不可辱"的气概,但几鞭子抽下去,他哭了,继之讨饶,承认自己"反动"。

她闯进了学校。

"什么?你反动?天!"她当着一伙红卫兵喷责他,"你这样咒自己,就不怕伤了我们这些学生的心呀!在我们心里——至少是在我心里,你是太阳,你要是变黑了,我连做梦都不会美!"

她又训斥那些红卫兵:"妈的你们这些兔崽子!瞪什么眼?骂你们又怎的?姑奶奶也是红五类,怕你们干啥!听我的

新指示——他若是再说他反动,就打他,让他改嘴!他改了嘴,就不许再拆磨他!"

后来,他"解放"了,到她家去串门儿。她有意支开了丈夫,红着脸,苦笑着对他说:"你呀,身边没个人保驾怎么成!要是你当初……"

她羞得用双手捂上了脸,自嘲地笑着。

他失控地动了情,站起身,她也站起身,四目对视,很近很近。

她笑着低声问:"你……敢么!"

说完,她闭上眼,将脸向前移了移。他喘着粗气,但最后还是清醒了,用颤抖的舌头说:

"我明天就要正式上课,现在该回去备课了。"

"上课!上课!我看该让文盲给你上上课才是!走!走!别让我再看到你,省得见你一回蜇一回心!快走!"

十年过去了,王老师的舅舅——一位大学教务主任——把王老师调到大学教课,当讲师。王老师那死去的父亲(一位古典文学学者)不仅遗下了上万册藏书,还遗下了许多未完成的遗稿。王老师在母亲的帮助下,整理了这些稿子。母亲在将这些稿子送交出版社之前,特意签上了"王勉学整理",后来又索性写成"王勉学订识"。

王勉学是王老师的名字。

学校评教授时,知识分子们也照例闹得不可开交,只有王老师不言不语。

教 授 之 恋

但是,王老师比任何人都顺利地当上了副教授、教授。

出书越来越难,尤其是王教授。

有一本书,是王教授第一次签上"王勉学著"。出版社表示:交一万二千元"赞助费"来。

王教授无法,想起了她。

她现在已是"大款"了,办起了大饭店。

她见他走进了饭店,真是喜出望外,把他领进了一个雅室,要了满桌子的高档菜,关上门便陪他喝酒。

酒是色媒人。

她醉了,动了情,又一次起身走到他身边,抓起他的双手。又是四目对视,很近很近。

她又一次闭上了眼,将脸移近,低声说:"现在,九十年代,你该'敢'了吧……"

她这一次没有失望,他吻了她。

卿卿我我一番之后,又继续喝酒。他犹豫再三,还是向"主题"过渡:

"有了钱,应该关心文化事业。"

"说具体点儿!"

"我们搞学问的人很难……需要社会帮助。"

"说具体点儿!"

他说了实情。

她沉吟一番,伸了个懒腰说:"我累了,过几天再说吧。"

几天后,他又去饭店找她。服务员说:"经理正忙,您坐下来等一会儿,想吃点什么?"

"跟上次一样吧。"

一直到吃过饭,她也没露面。服务员来结账:二百四十元。

"小姐,我要见你们经理。"

"经理吩咐过了——今天来的,没有关系户!您快付钱吧!"

他好不容易才取得服务员同意,回去取钱。

诗文并茂

一 朵 花

在寒冷和燥热之间
一朵花　曾经照亮一个春天
她丰润的躯体远离冰雪和尘埃
轻柔的翅翼引领白昼上升
并使夜色开放　像远水的女人
春潮般卷起这个季节的火炬
……

这世界需要有一盏灯笼

今夜,手面大方的城市里依
旧闪着惺忪的眼睛,理性被玷污
和扼杀,多少粗壮的大手一次次
伸向坚挺的货币!
这世界需要有一盏灯笼,让
花朵的本质明亮,让浮躁的城市
平息它的欲望,让我粗糙的诗歌
明丽起来,让你的呼吸匀静而且
饱含氧气……

　　张三得了艾滋病，不但没有穷困潦倒，反倒借此小发一笔横财。这世上浑浑噩噩之事，在张三那里，居然被一个一个给摆平了。是鬼怕恶人？还是……咳，看来，得了艾滋病还真是一桩好事哩！

张三得了艾滋病

路　程

　　张三得了艾滋病，这是从张三老婆张三嫂嘴里透出来的。张三平时爱找小姐混，前几天闹病，到市里看医生，一验血就验出这绝症来。张三嫂说，我要离婚，要不我和孩子也会得这种病。边说过哇哇地哭。

　　人们见到张三时，张三也还跟大家打招呼，但他整个人像霜打的茄子一样蔫。大家避他避得远远的，像见到了瘟神。

　　张三跟老婆说：你要离婚就离吧。你跟了我这些年，一直过穷日子。我爱嫖又好赌，不顾家，想起来真悔啊……哎，对了，我想起一件事，半年多前，我跟旧街的李四几个人赌钱，赢了几千元。他们平时很恶，一直赖账不给。今天我死活要把钱追来，算是给你们留点遗产吧。

　　张三说完，抓起一瓶酒，一口气喝下半瓶，壮壮胆，然后脚步趔趄，来到旧街李四家。李四等几个人正在赌，他们都知道了张三是个"危险分子"，因此见到张三突然进来，都吃惊地望着他，不知如何是好。

　　张三说：狗日的，欠我的债还不还？不还老子今天就和你们拼了！反正我也活不长了！边说边举起酒瓶。

　　李四和另外几个赌徒都心存顾忌，连忙说：三哥，别……别发火嘛。钱，你自己拿。

　　张三拢过桌上的钱，大约三四千元，点了点头，又瞪了李四一眼，才摇摇晃晃地离去。

　　张三刚走不远，李四和另一人边喊边追上来。

　　李四追上后指着那人说：三哥，这是县二建公司的陈老板，他帮镇政府建了办公大楼，造价60万元，镇里一直拖着不给还欠的40万元。陈老板请你帮忙追一追，追回后给你4万元。行不？

　　张三心想，自己都到了这份上，我谁他妈的也不在乎，真要是在死前能给老婆孩子挣了这4万块钱，也算对得起他

张三得了艾滋病

们了。于是说：好，就这么说定。他接过陈老板手中盖着大红印的欠条，直奔镇里。

镇党委书记和镇长知道张三如今可怕的身份——艾滋病分子，急欲避开。张三急忙拦住：哎，别走。书记、镇长，请把这工程款欠条给兑现了。

书记瞟了一眼张三手中的欠条，说：没你的事，叫陈老板自己来！

张三说：陈老板病了。他欠我的钱不还，说是没有钱，拿这白条子来抵押。我是要死的人了，这条子的款不兑现，就讨不到债了。

镇长说：现在没钱！

张三说：没钱？没钱你们还到酒楼吃喝！我也没钱，只好跟着你们，你们吃啥我吃啥！

书记气得脸色铁青，拨了拨手机，不一会儿便来了几个治安队员。

张三看这情势，心想今天得豁出去了，便把酒瓶底打破，吼道：谁敢上来？老子今天拼了！我一身艾滋病，反正也活不了了！

几个治安队员面面相觑，谁也不敢上前，怕酒瓶划伤自己，更怕被张三沾上病。

围观的群众越来越多，都暗中为张三叫好。

镇长看到如此僵持下去不好办，便把书记拉到一旁，悄声说：算了，活神仙也让瘟死鬼。用上头昨天拨到的扶贫

款,打发这瘟神吧。

书记无奈地点了点头。

从此,张三可是对着广播喊自己——名声大振了。村民来请他帮追村干部挪用的征地款,酒楼老板求他帮追干部欠的吃喝账,连小贩也请他去对付常在市场里强买强卖的泼皮——都有报酬。

不到两个月,张三竟挣了十几万。看着一沓沓钞票,张三长长地叹口气:享受不到了。惟一的安慰是,能给老婆一点补偿,能给儿子留下一点遗产。

一天晚上,张三嫂来到张三独居的小屋,一进门,就抱着张三猛吻。张三被弄得手足无措,心想这婆娘是那根神经接

错了,连艾滋病也不怕了?

张三嫂看着张三发愣的傻样,扑哧一笑,说:死鬼,你没有艾滋病,是搞错了。你看,这是新拿来的检验报告和医院的道歉信。

两天后,张三一家离开了小镇,从此不见回来。

恶人治恶官

贪官贪,钱加权,逍遥自在赛神仙。
内有十层护心甲,外有围墙,圈套圈。
背靠大山搬不倒,头顶铁杆保护伞。
手握笔杆随意签,吃喝玩乐花公款。
以毒攻毒看好戏,妙哉恶人治恶官!

青春小小说平台  把日子摆上地摊

幽谷拾光

置身于玄妙人世,如肖刚者有几何?如主任者有几何?多多!要么是人着了魔,要么是社会的某个环节着了魔,总之,我们时时被某种魔力控制。问题在于:操纵那根魔棒的人到底是谁?是大师还是大魔?

蛟龙出海

魔　　袋

喊　雷

那天上午,厂办秘书肖刚陪同厂办郭主任出差去省城。

肖刚前列腺有毛病,憋不住尿。小车从厂里开上路不出一小时,他就下车小便过两次了。

小车开过大桥,肖刚又想叫停车再下去小解,可他害怕郭主任再说他"就你事儿多",不得不用夹紧双腿的办法来避免尿湿裤裆。不料就在此时郭主任吩咐把车停下。肖刚以

为是郭主任体察下情——让他下去"方便",其实不是。郭主任对肖刚说:"我看见桥东头路旁有一个皮革手袋丢在地上。你下去拾上来吧。"

终于等到了可以顺便小解的时机,肖刚当即应声下车,跑步来到桥东头,果然见到路旁的皮革手袋。他拾起来,感到分量很轻;打开拉锁一看,里边啥东西都没有,于是就扔掉了。

紧接着,肖刚就忙中偷闲,把脊背向着小车,在路旁急急慌慌地把早就憋不住了的小便解了。

如释重负的肖刚一边系裤扣,一边看着地上的手袋,暗忖:这手袋是郭主任吩咐我下来拾的,我空着双手回到车上去合适吗?恐怕不合适。更何况手袋里空空如也的事实也不是单凭铁嘴说了就能算数的,现在不是都叫讲实事求是吗?我把手袋拾上车,让郭主任亲自查看查看,岂不更好?

于是肖刚终于决定把手袋拾上车。

一进车门,肖刚就把手袋递到郭主任手中。郭主任打开拉锁,见里边啥都没有,当即就扔出了车窗,并说:"既然是空的,你拾上来干啥?"

中午,小车进了省城。郭主任、肖刚和司机一起上饭店进餐。肖刚趁酒菜还未上席的时机去上厕所。回来时,在过道上听到郭主任和司机说话提到他的名字,就闪身躲在屏风后面偷听。

司机说:"要是那手袋里装有三五百元钱,咱今天就能上一只红烧寿龟吃吃。可惜手袋里是空的。"

郭主任说:"你真相信那手袋是空的?你想想,下车拾个手袋,能费那么长的时间?如果真是空的,肖刚能掂量不出来?能不先打开看?既是空的,还有必要把它拾上车来?他把空手袋拾上来交给我,无异于亲手写下了'此地无银三百两',我是傻瓜?我会相信'对门王二不曾偷'?他要的是化有为无的魔术。可惜他技艺大差,只能算是魔术小丑而已。我是何许人也?我是魔术大师!我能从他给我看的'无'的假象中找出'有'的证据来!……"

不出半月,借调到厂办只当了两个月秘书的肖刚被免去了职务。当初从哪里来依旧回到哪里去——肖刚回车间干活了。再后来,肖刚下岗了。

有一天,遭到贬弃的肖刚把拾手袋的事对教他从事写作的刘老师讲了。肖刚不无悔恨地说:"早知会这样,那天我

魔　袋

就该舍财免灾——豁出我衣袋里那400元钱,提前放入那空手袋里,然后提上车交给郭主任。"

刘老师笑道:"区区400元,杯水车薪而已,无济于事的。你装进袋里400元,他就相信袋里只有400元——而不认为是4000元、40000元?"

肖刚问:"刘老师,你往明里说,我到底错在哪里?"

刘老师说:"错就错在你不是郭主任的上级,而是他的下级。如果你是他的上级,当时被叫下车去拾手袋的就是郭主任,而不是你;那手袋里有钱没钱、钱多钱少,就由你说了算。你给他定个'技术级别'——说他是魔术小丑,他就是魔术小丑。因为你是魔术大师了嘛。你说是不是这么个理?——可惜,你不但不是他的上级,而且如今连当他的下级的资格都混丢了……唉,给,抽支烟吧。"

下 级 之 苦

陪不完的笑脸,说不尽的好话,
递不完的香烟,掏不尽的苦衷,
数不清的献媚,遭不尽的冷落,
看不完的脸色,猜不尽的谜团。

把日子摆上地摊

幽谷拾光

借钱还钱,这本是天经地义的事情,但轮到局长借钱,那就该另当别论了。瞧瞧局长那一副派头,再瞧瞧属下猥琐的言行,咳,人啊,干吗要奉迎拍马、作践自己呢?

局长还钱

程宪涛

本来事情没有什么大不了的。任何人手头都有紧张的时候,李局长也是一样。那天办公室的王主任来了,说后天是某处室某某的婚礼,大家是否都凑个份子。大家和某某是同事,听说后就你一百他一百地把钱送到王主任手里,刚巧李局长走进来,就问什么事情这么热闹,算我一份好不好?

王主任赶忙向李局长汇报,李局长一听连说恭喜,我也

局长还钱

算一份,说着就上下口袋摸索,结果只有信用卡和存单什么的。属下们都很理解,李局长的一切应酬和开销都是由办公室办理的,他没有必要携带现金。这时李局长就说:"啊,我没带钱啊!"李局长的目光落到站在面前的小韩身上,在目光锁定小韩眼神的时候,小韩就明白了,就连说局长我这里有,并且代替局长把100元钱送到王主任手里。

欠债还钱是天经地义的事情,如果是一般同事借钱,一两天也就归还了,即使忘记也可以提醒还钱。但或许是李局长公务繁忙,或许是李局长根本没有把这件事情放在心上,总之李局长一直没有还钱。100元钱没有改变李局长和小韩的关系,李局长仍然是局长,小韩仍然是小韩。其实小韩也没有让李局长还钱的意思,李局长对区区百元怎么会记挂在心呢。

事情本来也就结束了,但是有一天办公室里面只有小韩和一位同事的时候,那个同事闲聊时说,某某曾经借过他50元钱,事情已经过去半年了,可能是某某忘记了,希望通过小韩的口传达给某某,在短期内归还给他。当时小韩就不假思索地说,咱局长还欠我100元钱呢!

同事就像听到世界末日来临的消息一样,跳了起来,说:"李局长怎么能欠你钱呢,真是糟蹋咱局长了,这种幽默一点都不好笑。"这时进来另一位同事,原来的同事就对他说,小韩说局长欠他100元钱。小韩像抓到了救命稻草一样说,当时你在场,你给证明一下。那个同事说不记得了。

把日子摆上地摊

小韩说:"你怎么会不记得呢?"小韩就急忙帮助回忆当时的情景,就像帮助失忆的人恢复记忆功能一样,但是对方无论如何也无法想起了。

小韩就觉得无比冤枉,王主任刚巧来到办公室。小韩顾不得其他了,他开门见山地问王主任,一定记得李局长曾经从他这里拿走100元钱送礼,是某处室的某某结婚时候的事情。王主任让他希望的肥皂泡当时就破灭了。王主任很严肃地对他说:"这种话怎么可以乱说呢,这是影响领导声誉和形象的事情,一定要注意对领导的影响啊!年轻人不能犯自由主义,不能在私下诋毁领导!如果你家庭困难或者要结婚什么的和同志们说,可不要采用这种偏激的方法。"小韩觉得很有必要把这事搞清楚,他就较真地说:"走啊,我们找局长去说。"王主任吃惊地说:"你疯啦!我们领导最近几天情绪特别不好,你敢用胸口堵枪眼!"

小韩就有些哑巴吃黄连的感觉,因为很多同事开始私下把这件事当作笑柄,有的同事见面就问小韩,局长欠你的100元钱还你了吗?准备什么时候归还?要不要举行一个还钱仪式啊,比如唱歌奏乐升旗什么的?似乎小韩在无理取闹开国际玩笑。

小韩觉得忍无可忍了,那天他怒气冲冲找李局长去了。办公室主任没有拉住他,当时李局长正在办公室陪同几个客人,小韩走进局长办公室就对局长说:"有一件事情需要领导澄清,今年11月8日,您曾经向我借过100元钱,您还记

局长还钱

得吗?"小韩说完不等领导回答转身就离开了。不到半天的时间全单位的人都知道了小韩向李局长要钱的事情。众人都说小韩真是不想在这单位混了。

但是任何人都没有想到,第二天早晨,单位办公楼的走廊里一阵喧哗,李局长带领办公室人员来到小韩的屋。

"小韩啊小韩啊!"局长满怀歉意和热情地呼唤小韩。局长接着说:"真是对不起啊,最近工作忙乱,把欠你钱的事情给忘记啦。我现在就把欠款归还你,你要利息都行

啊!"说罢从衣服口袋里摸出一把毛票,里面有鹤立鸡群的一张皱巴巴的百元票。局长把票子塞到傻愣愣的小韩手里。局长临别还抓住小韩的手握了握。

当大家不得其解、如坠五里雾中的时候,小韩被任命为某处副处长了。小韩和他的同事都更糊涂了。

后来有小道消息说,小韩冲进局长办公室的时候,上级机关正在调查李局长的个人收入与资产不符的事情,小韩等于奋不顾身救驾一样。

诗文并茂

子 字 歌

有的官们在位子,手握指挥大棒子。
大小爪牙一帮子,横行霸道螃蟹子。
花天酒地数老子,岂料今日过关子。
幸好有人搭梯子,要不差点丢帽子。
此人救我命根子,能不给他好位子。

这世上,有些事情真是无法解释。在市场经济繁荣的今天,在诱人的金钱面前,有多少人扭曲了自己的灵魂,又有多少人发出了无奈的哀叹……

无 法 解 释

刘德华

琴不仅是我的表妹,而且还是我早时的同班好友。她为人热情,给我以及我家都帮过不少忙。在我调离小县城,到省检察院工作之后,在琴的眼里,我现在好歹也是一个官场人物。

琴的爸爸是县上一家工厂的厂长,这年因涉嫌一桩贪污受贿案被县检察院立案侦查。据琴说,他们八方托人送过礼说了情,可她爸爸仍然被监视居住着。情急之中,琴求到我

的门上,为她父亲大喊冤枉。看着她急得泪都要掉出来了,推托的话几次到了嘴边,我也不得不咽了回去。

将琴送走后,我被这桩棘手事儿搅得食不甘味。县检察院反贪局局长我也认得,但只不过是一面之交。我人微言轻,若是姑父真有触犯党纪国法的事,反贪局老局长岂能买我的账。

然而,不说亲戚同学关系,仅凭琴过去对我无私帮助这一点,就算碰一鼻子灰我也得硬着头皮问一问,有违纪律的事情我不能做,但过问一下表示关心还是应该的。但为如何开这个口,把握好问话的分寸,我整整想了三天三夜。正在踌躇之际,琴却打来电话致谢,说多亏我的能量起了作用,她爸爸的事情及时查清楚了,果然没有问题,现在他已获得了自由。

我不敢贪天之功为己有,如实说:"那真是他老人家自身清白,经得住调查,我并没有做什么。"但琴哪里肯信,说他爸虽然本是清白的,但能够很快查实,一定是我的能量起了作用。有了能量就办得了好事,办了一次就有二次。

那天下午我刚要出门去上班,琴急急火火地又到了我家。她说丈夫新买的奥拓车刚刚上路就与一辆高级轿车相撞,虽然没有人员伤亡,但经济上会有不小的损失。肇事方托熟人找关系,办案交警说要让琴的丈夫负主要责任。

我搔着头皮说县交警队我不熟。琴提示说那公安局呢?我说也不熟。

琴不相信,说:"不熟,你怎么与公安局女局长在一起喝酒?还一块儿牵着手唱《夫妻双双把家还》?有人看见了的,你别在我面前摆谱儿了!"

没想到琴连这些都知道。我只好实话相告:那次在公安局开研讨会,晚饭后大家在一起联欢,我与女局长也就这一面之交,并不是你想像的那样。琴说你不要推托了,咱们还是亲戚不是?琴甩出一叠"老人头",让我去女局长那里打点打点,丢下钱以后头也不回地走了。

次日上午,琴就打来电话催问我何时动身。我一咬牙上路了,因为琴丢下的钱在手上呢。我想走一趟再说,大不了把钱给琴送回去。

把日子摆上地摊

我驱车三小时赶到县城,忐忑不安地敲开了女局长的办公室。女局长竟还记得我,说我是大歌星,直夸我的歌唱得很有水平。寒暄片刻后,她问我有没有什么事情。我连忙说只是回老家探亲,顺便来看看她。这次回家遇上点事情,表妹夫出了交通事故,等等。照我的性格,我只能把话说到这个程度了。女局长微笑着说,你相信我们基层执法也会公正的。见她这样说,我压根儿不敢拿出那一叠钱。

但不几天,裁定结果下来后,琴携同丈夫亲自登门感谢,说虽然对方也找了关系,但看来不如我的关系硬,所以对方想讹一大笔钱财并没有得逞,事故处理得很公正。我说这真是人家秉公执法的结果,我一点忙也没帮上,你拿来的钱完璧归赵,推来推去竟推出一肚子气来。琴流着泪说:"一定是你不想认我这个表妹,怕以后再找你的麻烦……"

事情也真这么巧,过了不到三个月,琴的丈夫的妹妹大学毕业了,因为学的是法律专业,女孩希望到法院工作。我一口答应帮忙到法院去联系一下,因为这是很正常的事情,我与法院平时就有工作上的交道,知道他们本来就要接收毕业的大学生。事关重大,琴问我要花多少钱?我想到上次那笔钱引起的不快,忙道:"不说钱!"心里想这个琴,怎么什么事情都往钱上头去想。琴在电话那头一听我断然说"不说钱",声音就迟疑了起来,带着几分疑惑挂断了电话……

等我将事情联系好了,法院表示愿意接收后,一个消息从老家传来:琴愤然送她丈夫的妹妹南下求职去了。临走时

她对我的父母说了些什么求人难、当了官就连亲戚都不认了的话。

茶余饭后，每每想起此事，我就后悔自己不该说那句"不说钱"的话。像琴这样的人，只会将这话理解成我推托的意思，她认为我根本不想帮忙，因为这世道哪有白帮忙而不说钱的事情？哪怕是亲戚朋友……

我感到自己无法解释。

上级、下级和钱

上司开口才半句，
早已是是是，对对对。
下司陈词达千言，
始终是嗯嗯嗯、噢噢噢。

有钱加有权，诸事都好办，
办事不花钱，鬼才相信咱！

幽谷拾光

从胡副局长说,"百分之百"就意味着风光排场,意味着他的官当得到位,甚至还意味着他的官运长久一时半会儿还倒不了;还有一点也是少不了的,百分之百意味着钱包大大地鼓起来了。从吕主任说,只有百分之百才能体现为局长服务的尽心尽力,才能真正体现他这个主任的价值。谁给你的主任?当然是局长。局长给了你这个官位,你就要为局长服务,百分之八十不行,百分之九十也不行,一定要百分之百!

为谁当官?当官为谁?——为官者,你考虑过这个问题了吗?

蛟龙出海

百 分 之 百

李全虎

吕主任这两天确实很忙。本来,办公室的工作千头万

这世界需要有一盏灯笼

百分之百

绪,就够他应付的了,偏赶上最近时至岁末,迎来送往的事情没完没了,光喝酒就让他叫苦不迭——尽管他是远近闻名的"不倒翁",善饮。

这天,吕主任送走一批喝得东倒西歪的客人,刚想倚到沙发上醒醒酒,胡副局长打电话叫他去一趟。一进门,胡副局长就热情地递给他一支烟,说:

"吕主任,坐坐坐,这几天工作很辛苦呀!"

"没什么,应该干的嘛。"

吕主任心里热乎乎的,落座后点上烟,舒舒服服地喷出一团烟雾。

胡副局长忽然话锋一转,问道:"吕主任,听说你曾经说过,'单位的事再大也是小事,领导的事再小也是大事',有这回事吗'?"

"这……这……"吕主任张口结舌,本已被酒精烧得通红的脸,顿时涨成了酱紫色。

"哈哈哈哈,不要紧张嘛,我只是随便扯扯。不过,你那句话还是有一定道理的,办公室的工作,首先就是要为单位、为领导排忧解难,搞好服务。"

"是是是。"吕主任频频点头。

"眼下,我还真有一件私事需要你帮忙办理。过几天我女儿,哦,就是你那个侄女要出嫁,这个喝喜酒的事还得你出面张罗张罗……"

"哎呀,恭喜您哪,胡局长!您放心,我一定全力以赴

去办。不知您还有什么具体要求没有?"

"没什么要求。总之,办喜事嘛,客人越多越热闹、越风光。最好是争取让大家都能喝上喜酒,对,保证百分之百喝上喜酒,免得一碗水端不平惹闲话,伤害同志们的感情,那样就不好了。"

从胡副局长办公室出来,吕主任掐指一算,时间十分紧迫,非得抓紧操作才行。于是,他立即安排乔秘书去买请柬,许秘书到各办公室去"通知通知"。

第二天,一张张请柬散发出去,一份份喜礼收了上来。许秘书清理了一下账目,发现还有三个人没有交喜礼:小何、老李和老赵。

第三天上午,小何、老李和老赵仍然没动静。吕主任说:"时间太急,不能再等了,许秘书你去催,不,你去提醒一下小何;乔秘书,你去提醒一下老李和老赵。"

过了一会儿,许秘书回来了。他掏出一张100元的人民币说道:

"要不是我死缠硬磨,小何说什么也不愿参加。"

"为什么?"吕主任不解地问。

"咳!当初胡副局长的女儿和小何谈恋爱,都是胡副局长棒打鸳鸯,逼着女儿嫁给了马副市长的儿子。你想,这喜酒小何能咽得下去吗?"

临下班的时候,乔秘书才气呼呼赶回来。一进门,他就对吕主任大倒苦水:

百分之百

"这两个老家伙真够戗,我磨了一下午嘴皮子,他们竟然一言不发,简直就像对牛弹琴。我看算了吧,少一两个人没什么大不了的。"

吕主任皱着眉头,半天没有说话。

其实,老李和老赵的反应并不出乎意料。老李的老伴儿是个偏瘫病人,生活十分困难,一般红白喜事他是从不送礼的。至于老赵,去年差点要找胡副局长拼命——因为本该分给他儿子的房子,被胡副局长"调剂"给了自己的女儿。

晚上,吕主任到胡副局长家里,详细商量喜宴的筹办事宜。说起喜礼的事儿,他委婉地解释了一下老李和老赵的情况,并笑着说:

"我看老李和老赵不能参加就拉倒吧,没他俩咱还不喝酒?"

胡副局长沉思着摇摇头,严肃地说道:"你知道吗?这可不是一顿酒的问题。再说,上次于副局长娶儿媳,他们不是都去了嘛。难道是我的威望不如于副局长?你再想想办法,最好能保证到席率百分之百,办喜事就图个十全十美嘛……"

这天晚上,吕主任没睡踏实。老李和老赵的事情搅得他心烦意乱,早晨起来,太阳穴都隐隐作痛。

上班后,吕主任喊来乔秘书,从自己衣兜里掏出200元钱说道:"记到老李和老赵的名下吧。"

乔秘书先是一怔,随后苦笑着说:"这下一个不落,达到了百分之百。""是,百分之百。"

吕主任嘘出一口长气,如释重负地倚在沙发上,点燃一支香烟,轻松地喷出一团浓浓的烟雾……

"集 体 主 义"

书记副书记,联合为一体;
主任副主任,齐心又协力;
有福都分享,有益都得到,
有惠都来受,有权都满意。
攻守成同盟,团结强大力,
一致来伪装,集体有主义。
拔出小萝卜,带出一团泥。

人这一生，路道上的坑好填，心里的坑咋就永远填不平呢？

其实，要想填平这个坑也容易，那就是，永远保持一颗平常心，踏踏实实做事，正正经经做人！

门前有个坑

梁海潮

单位有一幢六层家属楼，住着局长、副局长、科长主任的，尽是干部。

小张也住在此楼，住得最高，六楼2号，但职务最低，仅是个宣传科的副科长。小张小名叫张文革，大名叫张春桥。小张出生那年正是文革期间，父母都是农民，就给他起了文革的名字，那几年张春桥在全国很红，父母也是崇拜名

把日子摆上地摊

人望子成龙，小张上学那年，又给他改了个学名叫张春桥。后来大张春桥成了千古罪人，而小张春桥也不好再改，一直到上大学参加工作，都是这个名字。同学同事都戏谑地称他"四人帮"。

张春桥没事的时候，就站在自家阳台上呼吸新鲜空气，或往楼下看楼前马路上来来往往的行人车辆。门前那条马路是一条柏油路，恰恰在大楼出口不远处被雨水冲陷了一个坑，远处看不见，近了才能发现。好多轿车、摩托车忘了减速，被撂得老高，那些爱玩命的摩托车手也曾在这儿翻过车。张春桥还亲眼看见局长副局长的轿车也在此颠过好几次。

张春桥在副科长的位置上连续干了五六年，一点没有再被提拔的迹象。妻子经常埋怨他太窝囊，堂堂一个大学生，怎不济事？论职务，来得比你晚的都提拔了，可你还是个副科长；房子呢，分在最高层，夏天热死，冬天冻死，下雨漏得像个扬子江，自来水还老压不上来，衣服没法洗，饭菜没法做；厕所熏得满屋子闻不得。你扳指头算算，咱在这上住了五六年，单位谁来咱家串过门？亲戚们偶尔来一趟，哪个不喊累死了？……

这天，张春桥被妻子烦得不行，独自下楼到大街上转悠，迎面碰见在易经协会上班的老同学，便诉说了自己的烦恼。老同学说：来，我给你看看。

这一看就看出了毛病，原来门前有个坑。张春桥向来不信这一套,笑着说:我住的是商品房、家属楼,门前全是平整整的水泥地,哪能有什么坑呢?老同学说:这是从你五官上看出来的,信不信由你。门前有坑不好,重则人仰马翻,轻则官运不旺,这坑像个陷阱,很难被人察觉……

张春桥虽不以为然,但也成了一块心病,时不时泛上来隐隐不安。日子久了,便认为是楼前马路上那个坑。但那坑应该是整楼的坑,公共的坑,大家的坑,咋就应验在我张春桥身上了?妻子说,无论是不是这个坑,咱打点水泥拌点砂给它填起来,也不是个坏事。

张春桥填坑那天,好多家属都看见了,刚巧局长车子开过来,还对他夸赞了几句。为了让水泥凝固得结实,他还找些石头摆了个圆圈儿。

张春桥填坑不多天,正科长喝酒喝到阎王爷那儿了,张春桥便顶替了他的角色。

四楼副局长晚上没事爱打扑克,人手不够时就给他打电话。副局长也爱开玩笑,打电话老喊张春桥的绰号:三缺一,单等你"四人帮"了。

时间一久,打牌打出了感情,副局长成为局长后,就把牌友张春桥提成了副局长。张春桥万万没有料到,他不久又被提升为正局长(局长开车出了车祸),真是时来运转,连升三级。

升为局长后的张春桥,正应了那句俗话"官大官小总嫌小,钱多钱少总嫌少",张春桥清楚自己连升三级是感情联络+人民币+机遇的结果。世上的银子不是白花的,千金散去还复来,提拔他的上司这一点比他张春桥更内行更老练。张春桥终于拥有了平民百姓永远难以企及的一切,不仅有了汹涌不断的财源,而且有了从六楼下到四楼、三楼的套房,甚至不花分文就有了一幢豪华的别墅,有了年轻靓丽的"小蜜",有了不该有的意外和惊喜。更为甚者,张春桥为争夺副县长的位置,居然丧心病狂地雇佣了黑社会杀手。

……

张春桥终因多罪并举被请进了铁窗之内。

门前有个坑

那位曾给他看过相的易经协会的老同学不无感慨地对别人说:人这一生,路道上的坑好填,心里的坑咋就永远填不平呢?

最 近 比 较 烦

最近比较烦比较烦比较烦,
总觉得日子过得有一些极端,
为什么我会害怕很快到岸,
为什么我总是心颤胆寒。
最近比较烦比较烦比较烦,
陌生的政坛何处是我的终岸,
手握着光灿灿的权杖,
怀揣着一叠叠的金钱,
现在的我为什么更觉得孤单。
我已经不堪负担,
我比你烦我比你烦!

沧海桑田,昔日优异学子,今日却寄人篱下,昔日落后学生,今日却成了公司老板。这到底怎样评判?

社会进步,生活巨变,那些落后的思想观念,也该转换转换。社会是个大舞台,全靠你自己好好把握,好好扮演!

赵 老 师

陈永林

赵老师下了火车,站在站台上四处张望,却没邹文的影。不是给他拍了电报吗?正纳闷时,有人喊他:"赵老师。"

"是邹文让你接我的?"

"不。"

赵 老 师

"你是……"

"我是杨廷,以前也是你的学生。"

"啊,杨廷,好,你好。"赵老师显然不记得杨廷了,赵老师有点尴尬。赵老师又不会掩饰,一时无话,更难堪了。

杨廷说:"赵老师只记得那些成绩好的学生。像我这样成绩差的学生,老师当然没印象。"

赵老师也笑了:"那是,你说的是大实话。"

"赵老师,请。"杨廷走到黑色的"奔驰"前,打开车门,做出请的手势。

"这车,你哪来的?"

"自己买的呗。"杨廷说得很随意,但语气里隐含得意。

"那这车要十几万吧?"

"十几万能买奔驰?"杨廷说了个价,赵老师惊叹道:"这么多?那要十个像我这样的人教一辈子书才能买得起。"

杨廷给赵老师在一家五星级酒店开了一间房。赵老师进了房,又啧啧地赞叹起来。可当赵老师得知住一个晚上的花费要他半年的工资时,执意要杨廷换房。杨廷说:"这点钱算啥?你就安心住吧。"可赵老师就是不肯,说:"这是喝人的血。在这里住,我睡不安稳。"

杨廷只得让赵老师住进一家便宜的旅社。

赵老师问:"邹文呢?邹文咋不来见我?"

"他不想见你。"

"咋?他咋不想见我?"赵老师显然生气了,脸涨得通红,脖子上的青筋也冒出来了,"他为啥不想见我?走,你这就带我去见他。"

杨廷见赵老师这么急着见邹文,心里不是味,又忌恨起邹文来,可对于自己,赵老师一点印象也没有。

以前,杨廷很想让赵老师喜欢自己,可每回考试,都让赵老师一顿好训。杨廷好想分数能上去;但怎么努力,分数就是上不去,以致期末考试,杨廷又考了个倒数第一名。赵老师气得身子都哆嗦起来:"瞧你又拖全班的后腿了。若不是你,我们班在全县可拿平均分第五名。唉,孺子不可教也。我劝你还是别读书了,你可以去做买卖什么的,别在一棵树上吊死……"那时杨廷哭了,他觉得好对不起赵老师。杨廷便没念书,凭父母怎么骂,就是不去学校。他不想让赵老师生气。

这几天,赵老师总要杨廷带他去见邹文。

杨廷总一天天往后拖。

那天,赵老师一个人偷着去杨廷的公司。在门口,被一个穿制服的人拦住了,赵老师一看,惊叫:"你不是邹文吗?"

"啊,赵老师,你好。"邹文握赵老师的手微微抖起来。

"你不是在中学教书吗?咋在这里当门卫?"

"杨廷请我来的,他给我的工资是教书的三倍……"

"你、你竟堕落成这样子！你、你不配做我的学生……"

赵老师执意要回家。

杨廷留不住，便给赵老师买了飞机票。

送赵老师去机场的路上，杨廷说："赵老师，我心里一直感激你。如不是你劝我别读书，我说不定活得像邹文一样窝囊……"

赵老师一直冰着脸，上了飞机，也没同杨廷说一句话。

对面的学生看过来

我左看右看上看下看，
原来每个学生都不简单，
我想了又想，猜了又猜，
有些事情就是想不明白。哎，真奇怪，
真奇怪！昔日的浪子今日却精通下海，
昔日的明珠今日却黯然失色……
（哎，算了，不想了，睡觉吧）

古今中外的行贿者只认一句话:让银子说话。古今中外的受贿者(含王熙凤在内)也只能听懂一句话:让银子说话。

在红楼以外的世界宽阔的"生存带"中,你是否也看到了红楼之内的影子在走动?

香菱跑官

侯国平

香菱以一首《咏月》轰动贾府文坛后,被评为贾府十二大美女诗人,自费出版了《月色》诗集,畅销京城,受到林黛玉的赞赏,并加入了桃花社,成为一名光荣的桃花社员。手捧红彤彤的社员证,香菱兴奋得吃不下饭,睡不好觉。宝钗说,都是颦儿引的你,我和她算账去。你本来呆头呆脑

香菱跑官

的，再添上这个，越发弄成个呆子了。

香菱哪听这些，兴头头地跟着黛玉参加了几次诗歌演讨会后，又添了一层心事。原来，香菱见黛玉的名片上赫然印着桃花社社长（正厅级）字样，每逢开会，黛玉都坐主席台，前面还放着一块镀金名牌，煞是威风好看。而香菱的名片上，只有桃花社社员几个字，连个括号也不带，递给别人时，都爱搭不理的，开会只让坐台下，一句言也不让发。有个会唱曲的优伶，接过香菱的名片看一眼，擦一下手，就扔掉了，气得香菱要骂娘。

香菱这才明白，会写《咏月》也不顶用的。这年头，人们看重的不是这个，不弄个官当当，是谁也不把你看在眼里的。

香菱从诗歌演讨会上回来，只是默不作声，索性连房也不入，只在池边树下，或坐在山石上出神，或蹲在地上抠土，来往的人都诧异。李纨、宝钗、探春、宝玉等听得此信，都远远地站在山坡上瞧她。只见她皱眉一回，又自己含笑一回。宝钗笑道，这个人定是疯了。

宝钗耐心地和香菱谈了一次，才知道这个丫头是想当官。

宝钗说，你放着好好的主人公不当，偏要当啥劳什子公仆。要吃苦在前，享受在后，还要为别人谋幸福，自己活受罪，动不动还要接受监督，一不小心还要蹲大牢，掉脑袋，这有什么好？

香菱冷笑道，小姐快别编这谎言了，你就是拴着日头，也没人信你这一套了。

宝钗红了脸，叹了口气道，这是骗人的话么？你不信，我就不说了。你只想名片上印一个带括号的，这也不难，赶明个，我和凤姐打个招呼，让你做个桃花社秘书长吧。

香菱这才有了笑意，朝着宝钗千感谢，万感谢，宝钗只是冷笑。香菱连夜重印一盒名片，上面写着桃花社秘书长（正处级），只等再开诗歌会就散发。

可是左等右盼，总不见任职的文件发下来，香菱急得像

香菱跑官

热锅上的蚂蚁。袭人劝道,官是要跑的,你不跑,官帽子会从天上掉到你头上?像珍大爷那样,靠祖宗的功劳,世袭了一等神威将军,一代传一代,才不用跑呢。

香菱恍然大悟,一连几天,往迎、探、惜那里跑,只说她想当一回秘书长,好歹过一把官瘾,能坐在主席台的角落里也中,只要有个名牌放在座前,让电视扫一下就心满意足了。

探春说,谁知世道竟成这样,连香菱这样的呆丫头也要跑官了。迎、探、惜都连声说,一定选举香菱做桃花社秘书长。香菱的鞋底子磨破两双,总算见到了一些成效。

又过去了一个月,还是不见红头文件。香菱心急火燎去向袭人讨教。袭人说,光跑不送,原地不动,又跑又送,提拔重用。你一分银子也不花,就想当官,哪有这便宜事?琏二爷花了两万多,才弄了个同知呢。

香菱点头称是,跑到薛家银号,贷款一万元,装进信封里,趁夜给凤姐送去了。凤姐说,这是做啥呢?这年月,贾府里吃皇粮的比砂耗子都多,挤兑得纳税人不堪重负,叫苦连天,说咱是官多民少,十羊九牧,一个劲地喊精简,官帽子越简越多,就这还有人钻窟窿打洞要往这队里钻。

香菱脸红红的,扔下信封就走了。

第二天,红头文件就下来了,任命香菱为桃花社副秘书长(正处级),虽然是个副的,但括号里面是正的,香菱高兴得合不拢嘴,又去重印了一回名片。

从此,香菱逢会就坐上了主席台。人们都呼她为"香秘"。研讨会、座谈会一个接一个地开,求字、求诗的络绎不绝,一年下来,香秘的名字家喻户晓,人人皆知。

宝钗说,这个呆丫头,自从跑上了这个芝麻绿豆官,就像换了一个人,看上去,一点也不呆了。

大 与 小

权力越来越大,能力越来越小;
架子越来越大,胸怀越来越小。

表功越来越大,实绩越来越小;
排场越来越大,威严越来越小。

"收入"越来越大,"支出"越来越小;
危险越来越大,平安越来越小……

——新民谣

敬 告

由于编选时间仓促,虽多方努力,仍未和部分作者取得联系。请入选作者通过宁夏人民出版社速与我联系,以便协商有关事宜。

刘敬业(笔名青苑)
2003年1月20日

图书在版编目(CIP)数据

把日子摆上地摊/景染主编. —银川:宁夏人民出版社,2003.2

(青春小小说平台/青苑主编)

ISBN 7-227-02533-0

Ⅰ.把… Ⅱ.景… Ⅲ.小小说-作品集-中国-当代 Ⅳ.I247.8

中国版本图书馆 CIP 数据核字(2002)第 110216 号

把日子摆上地摊

责任编辑	布鲁南
封面设计	羽 人
插　　图	杜利保
责任印制	来学军
出版发行	宁夏人民出版社
邮购电话	(0951)5044614
地　　址	银川市上海西路 21 号
网　　址	www.nx-cb.com
电子信箱	nrs@public.yc.nx.cn
经　　销	新华书店
印　　刷	宁夏精捷彩色印务有限公司
开　　本	850×1168　1/32
印　　张	8.125
插　　页	2
字　　数	150 千
版　　次	2003 年 3 月第 1 版
印　　次	2003 年 3 月第 1 次印刷
印　　数	6000 册
书　　号	ISBN 7-227-02533-0/I·647
定　　价	16.80 元

版权所有　翻印必究